Jeden Tag ein bisschen besser

W0370772

MATHEMATIK

Testaufgaben

6. Schuljahr

von
Udo Quak

Illustriert von Detlev Schüler

Cornelsen
SCRIPTOR

Der Autor:
Udo Quak ist ein erfahrener Mathematiklehrer und Mitverfasser eines erfolgreichen Mathematik-Lehrwerks.

Dieses Heft enthält die Preise in Euro.

Cornelsen online http://www.cornelsen.de

Gedruckt auf chlorfrei gebleichtem Papier
ohne Dioxinbelastung der Gewässer

Deutsche Bibliothek – CIP-Einheitsaufnahme

Jeden Tag ein bisschen besser. – Berlin : Cornelsen Scriptor
Mathe. Schuljahr 6. Testaufgaben / Udo Quak 2000
ISBN 3-589-21356-6

Dieses Werk berücksichtigt die Regeln der
reformierten Rechtschreibung und Zeichensetzung.

5.	4.	3.	2.	1. ✓	Die letzten Ziffern bezeichnen
04	03	02	01	2000	Zahl und Jahr des Drucks.

© 2000 Cornelsen Verlag Scriptor GmbH & Co. KG, Berlin
Das Werk und seine Teile sind urheberrechtlich geschützt. Jede Verwertung
in anderen als den gesetzlich zugelassenen Fällen bedarf deshalb der vorherigen
schriftlichen Einwilligung des Verlags.
Redaktion: Stefan Giertzsch, Berlin
Typographie: Julia Walch, Bad Soden
Umschlagentwurf: Bauer + Möhring, Berlin, unter Verwendung
einer Illustration von Roland Beier, Berlin
Illustrationen: Detlev Schüler, Berlin
Hundemotive: Roland Beier, Berlin
Sachzeichnungen: Stefan Giertzsch, Berlin
Satz: FROMM MediaDesign GmbH, Selters/Ts.
Druck und Bindung: Clausen & Bosse, Leck
Printed in Germany
ISBN 3-589-21356-6
Bestellnummer 213566

Inhalt

$\frac{3}{9}$
$\frac{8}{9}$
$\frac{1}{9}$
$\frac{5}{9}$

$\frac{1}{9}$
$\frac{1}{7}$
$\frac{1}{2}$
$\frac{1}{10}$
$\frac{1}{5}$
$\frac{1}{4}$
$\frac{1}{3}$
$\frac{1}{15}$
$\frac{1}{6}$

8·36
8·30
8·6

Vorwort

Hallo, liebe Schülerin, lieber Schüler!
Hallo, liebe Eltern!

Wer ***jeden Tag ein bisschen besser*** wird, ist bald sehr gut!

Dieses Heft stellt auf jeder Doppelseite Testaufgaben aus dem Mathematikunterricht der 6. Klasse vor, die in einer Viertel- bis halben Stunde bearbeitet werden können. Eine Doppelseite pro Tag genügt völlig. Man schreibt einfach direkt ins Heft rein. Ist einmal nicht genug Platz, kann auch alles auf ein Blatt Papier geschrieben werden.

In der Mitte des Heftes haben wir einen Lösungsteil zum Heraustrennen eingeheftet. Damit sollten immer gleich die Ergebnisse überprüft werden. Das ist ganz wichtig, um in Zukunft Fehler zu vermeiden!

Für jede richtige Lösung gibt es Punkte, die im Lösungsteil in eckigen Klammern stehen. Auf jeder Doppelseite kannst du 30 Punkte erreichen.
Addiere deine Punkte und prüfe:
24 Punkte und mehr? Sehr gut! Ein tolles Ergebnis!
19–22 Punkte? Gut! Die meisten Schwierigkeiten hast du schon sicher im Griff.
10–18 Punkte? Nicht schlecht. Du könntest noch ein besseres Ergebnis erreichen. Wo hast du Fehler gemacht? Vielleicht probierst du dazu morgen einen neuen Anlauf.
Weniger als 10 Punkte? Dir machen noch zu viele Dinge Schwierigkeiten. Arbeite die Doppelseite heute oder morgen in Ruhe mit Hilfe des Lösungsteils durch. Wenn du nicht weiterweißt, hilft dir vielleicht dein Schulbuch oder ein Mathekenner zu Hause oder in der Klasse.

Und nun viel Spaß und viel Erfolg!

1 Vielfache und Teiler

Das Datum von heute

____

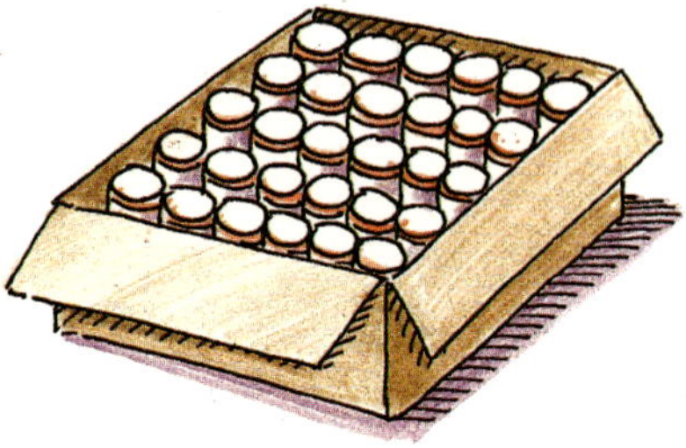

Die Firma Wohlgenuss hat für ihre Kantine in der Konservenfabrik 180 Dosen Erbsen und Möhren bestellt. Die Dosen sind immer in Kartons zu 30 Stück verpackt. Der Lagerleiter hat sich zur besseren Übersicht diese Tabelle angefertigt. Fülle sie aus!

Anzahl Kartons	1	2	3	4	5	6	7	8	9	10
Anzahl Dosen										

Wahr (w) oder **falsch (f)**? Kreuze an!

	w	f
45 ist Vielfaches von 15.		
84 ist Vielfaches von 12.		
50 ist Vielfaches von 6.		

	w	f
3 ist Vielfaches von 18.		
19 ist Vielfaches von 9.		
42 ist Vielfaches von 6.		

Schreibe die ersten acht Elemente der Vielfachmengen auf!

V_8 = { ______, ______, ______, ______, ______, ______, ______, ______, ...}

V_{12} = { ______, ______, ______, ______, ______, ______, ______, ______, ...}

V_{18} = { ______, ______, ______, ______, ______, ______, ______, ______, ...}

Wie heißen die kleinsten gemeinsamen Vielfachen (kgV)?

kgV(8;12) = ________ kgV(3;5) = ________ kgV(2;3;4) = ________

kgV(12;18) = ________ kgV(9;6) = ________ kgV(6;10;12) = ________

kgV(8;18) = ________ kgV(15;24)=________ kgV(15;20;50) = ________

Patrick hat ein neues Kartenspiel erfunden. Es heißt Bobo und wird mit 36 Spielkarten gespielt. Man kann es allein oder mit beliebig vielen Spielern spielen. Eine wichtige Regel heißt: Die 36 Karten müssen so verteilt werden, dass alle Spieler gleich viele Karten haben. Mit wie vielen Mitspielern kann man Bobo spielen?
Bobo kann man allein (1 Person) oder mit

______, ______, ______, ______, ______, ______, ______, ______ Personen spielen.

a) Schreibe zu jeder Zahl alle passenden Malaufgaben auf!

12	30	21	60
1 · 12	·	·	·
·	·	·	·
·	·		·
	·		·
			·
			·

b) $3 \mid 12$ heißt: 3 ist der Teiler von 12.
$3 \nmid 10$ heißt: 3 ist nicht Teiler von 10.
Wahr (w) oder **falsch (f)**? Schreibe **w** oder **f** in das Kästchen!

$8 \mid 24$ ☐	$17 \mid 51$ ☐	$16 \nmid 48$ ☐	$12 \mid 20$ ☐
$7 \nmid 30$ ☐	$1 \mid 16$ ☐	$20 \mid 5$ ☐	$40 \nmid 90$ ☐

Schreibe die Teilermengen auf!

T_{32} = { ____________________________ }

T_{48} = { ____________________________ }

T_{36} = { ____________________________ }

2 Rosen in Reihen

Das Datum von heute

____

In der Großgärtnerei Blütemann sollen 135 Rosenstöcke im Freiland ausgepflanzt werden. In den Rosenbeeten ist Platz für 2, 3, 4 oder 5 Reihen. Der Gärtnermeister möchte, dass in jeder Reihe die gleiche Anzahl Rosen steht. Wie viele Reihen können gepflanzt werden?

Es können _________ oder _________ Reihen Rosen gepflanzt werden.

Setze | (ist Teiler von) oder ∤ (ist nicht Teiler von) ein.

2 _______ 121	8 _______ 1 064	25 _______ 3 875	4 _______ 1 356
4 _______ 432	10 _______ 705	8 _______ 2 216	10 _______ 1 711
5 _______ 605	2 _______ 190	4 _______ 446	5 _______ 520

Überprüfe die folgenden Zahlen und ordne sie in die Tabelle ein. Einige Zahlen können in mehrere Spalten geschrieben werden.

825, 1 940, 1 296, 764, 1 555, 2 572, 3 111, 4 256, 554, 2 960, 8 571, 1 010, 334, 5 108

teilbar durch 4	teilbar durch 5	teilbar durch 8	teilbar durch 10

Diese Zahlen bleiben übrig: _______________________________.

Bilde zu jeder Zahl die Quersumme!

2 304: Quersumme ist ________. 8 115: Quersumme ist ________.

28 875: Quersumme ist ________. 13 555: Quersumme ist ________.

9 163: Quersumme ist ________. 103 472: Quersumme ist ________.

a) Ordne richtig zu! Manche Zahlen passen mehrmals.
1 761, 18 036, 767, 14 862, 15 486, 50 283, 433, 1 734, 16 461, 18 760

teilbar durch 3	teilbar durch 6	teilbar durch 9

Diese Zahlen bleiben übrig: ______________________________

b) Setze in das Kästchen eine passende Ziffer ein!

teilbar durch 4: 376 ☐, 748 ☐, 130 ☐ 8

teilbar durch 6: 250 ☐, 1 171 ☐, 354 ☐ 4

teilbar durch 9: 118 ☐, 2 568 ☐, 283 ☐ 7

Prüfe durch Zerlegen in Summanden!
Schreibe **w (wahr)** oder **f (falsch)** in das Kästchen.

7 ist Teiler von 2 163. ☐

13 ist Teiler von 676. ☐

13 ist Teiler von 626. ☐

7 ist Teiler von 3 677. ☐

11 ist Teiler von 748. ☐

11 ist Teiler von 451. ☐

3 Besondere Zahlen

Das Datum von heute

____

Boris hat diese sechs Zahlen aufgeschrieben:

Er sagt: „Das sind alles Primzahlen!“.
„Das stimmt ja nicht“, sagt Anna, und streicht 4 Zahlen durch. „Das sind mit Sicherheit keine Primzahlen!“ Welche Zahlen hat Anna durchgestrichen?

______________ , ______________ , ______________ , ______________

Sortiere richtig!

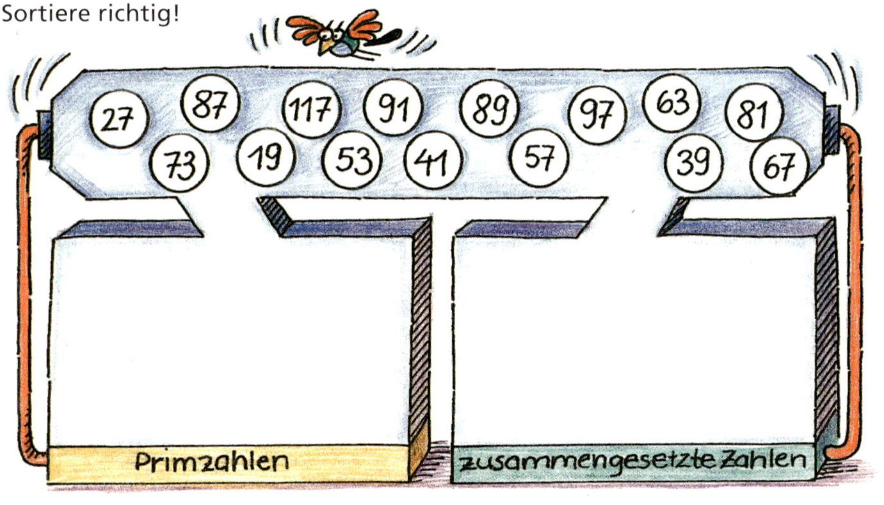

Schreibe als Potenzen mit Hochzahl. Rechne dann im Kopf.

$7 \cdot 7 =$ ______ = ______

$5 \cdot 5 \cdot 5 =$ ______ = ______

$3 \cdot 3 \cdot 3 \cdot 3 =$ ______ = ______

$2 \cdot 2 \cdot 2 \cdot 2 \cdot 2 =$ ______ = ______

a) Zerlege in Primfaktoren!

30 = ______________ 66 = ______________

90 = ______________ 120 = ______________

126 = ______________ 140 = ______________

b) Zerlege in Primfaktoren! Schreibe mit Hilfe von Potenzen.

36 = ____________ = ______ 225 = ____________ = ______

324 = ______________ = ______ 72 = ______________ = ______

Zerlege zuerst in Primfaktoren. Bestimme dann das kleinste gemeinsame Vielfache (kgV) der beiden Zahlen.

28 = ______________ 20 = ______________

40 = ______________ 45 = ______________

kgV(28;40) = ______________ kgV(20;45) = ______________

45 = ______________ 25 = ______________

72 = ______________ 80 = ______________

kgV(45;72) = ______________ kgV(25;80) = ______________

Zwei Primzahlen, deren Differenz 2 beträgt, nennt man Primzahlzwillinge. Suche alle Primzahlzwillinge bis 100 heraus und schreibe sie auf.

__________ , __________ , __________ , __________

__________ , __________ , __________ , __________

Wie heißt die größte zweistellige Primzahl? __________

Wie heißt die kleinste dreistellige Primzahl? __________

4 Lauter Teile

Das Datum von heute ____________

Großmutter war bei Anna und Alex zu Besuch. Sie hat für jeden eine Tafel Schokolade mit je 15 Stückchen mitgebracht.

Anna hat gleich $\frac{1}{5}$ ihrer Tafel gegessen, Alex sogar schon $\frac{1}{3}$.

Anna hat __________ Schokoladenstücke gegessen.

Alex hat __________ Schokoladenstücke gegessen.

a) Hier sind noch mehr Tafeln Schokolade. Färbe die angegebenen Bruchteile farbig ein.

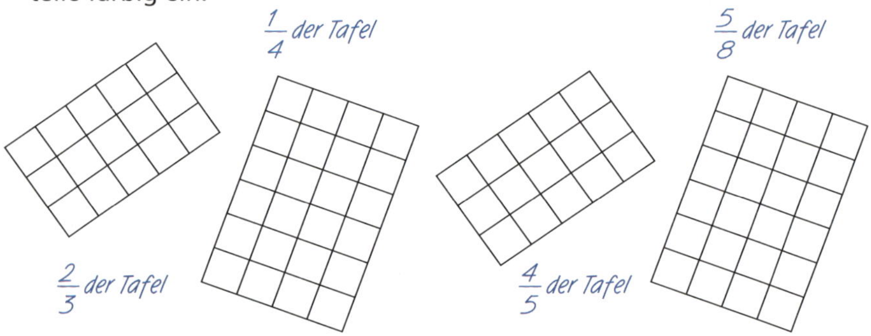

b) Hier ist schon tüchtig Schokolade gegessen worden. Was fehlt? Schreibe die Brüche dazu.

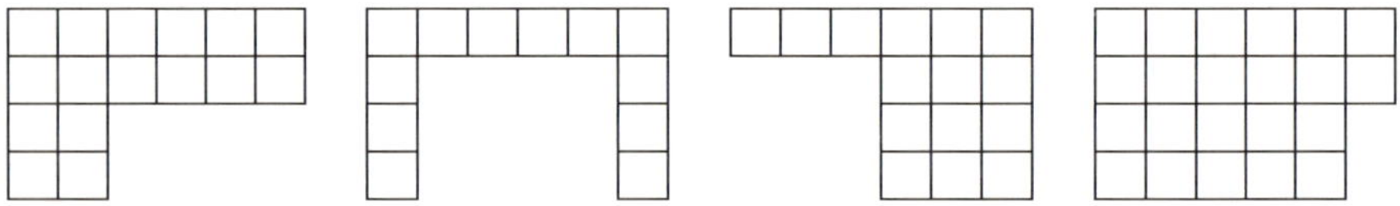

________ ________ ________ ________

Eine Tafel Schokolade ist in 18 Stücke eingeteilt. Wie viele Stücke sind immer mit den Brüchen gemeint?

$\frac{1}{2}$ Tafel = ______ Stücke $\frac{2}{3}$ Tafel = ______ Stücke $\frac{5}{6}$ Tafel = ______ Stücke

Von den Torten ist nicht mehr viel übrig. Schreibe die Brüche auf!

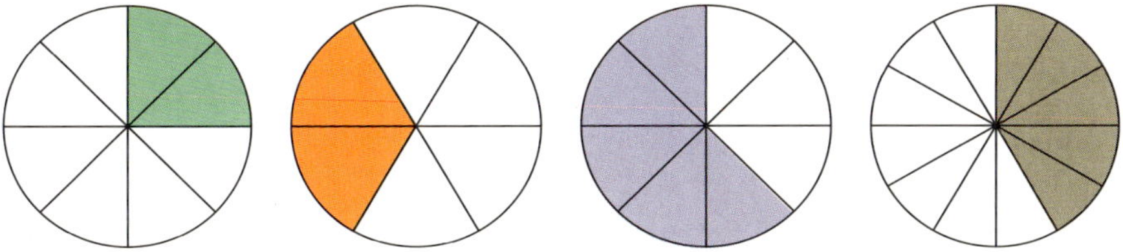

Färbe passend ein!

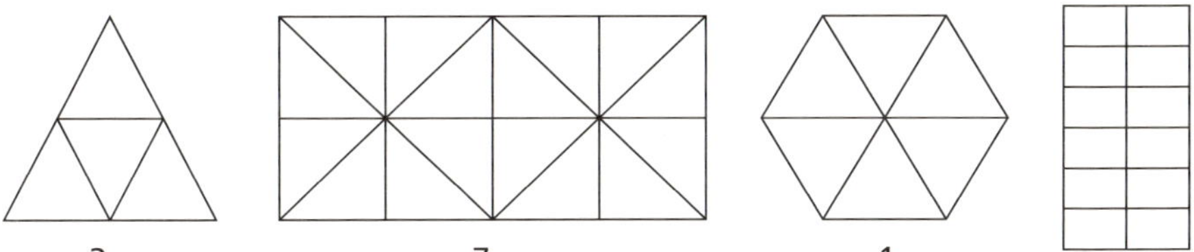

$\frac{3}{4}$ $\frac{7}{16}$ $\frac{1}{2}$ $\frac{2}{3}$

Hier sind gemischte Zahlen abgebildet. Schreibe sie auf!

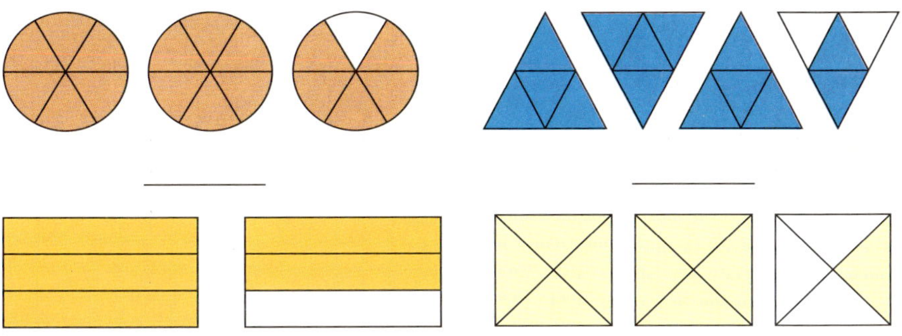

Am Zahlenstrahl sind gemischte Zahlen markiert. Schreibe sie auf!

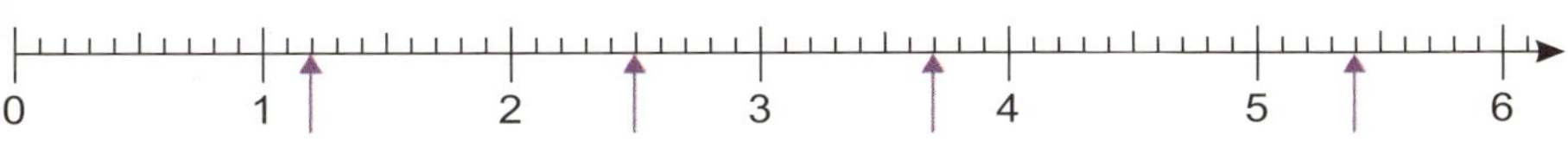

5 Gerechtes Teilen

Das Datum von heute

____

Zur Familie Esser gehören Vater, Mutter, Tino und Mara. Heute hat Frau Esser für jeden eine schöne Pizza mit Pilzen und Salami gebacken. Die Pizzas stehen in der Küche schon bereit. Als Frau Esser nebenan den Tisch deckt, macht sich der Dackel Bello in der Küche über eine Pizza her. „Ach du liebe Zeit", Frau Esser ist entsetzt. „Die Pizza ist hin." Nun müssen sich die vier Personen drei Pizzas teilen. Salat ist aber genug da.

Zeichne hier auf, wie die 3 Pizzas gerecht geteilt werden können:

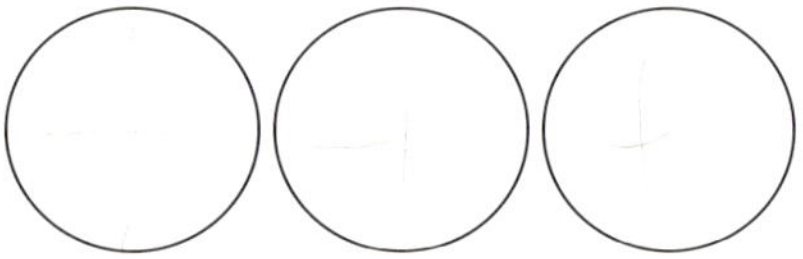

Jeder bekommt eine ____________ Pizza.

Wie viel für jeden? Schreibe mit Brüchen auf.

5 Kinder sollen sich 3 Äpfel teilen.

Jedes Kind bekommt _______ Äpfel.

2 Torten sollen für 8 Gäste reichen.

Jeder Gast kann _______ Torte essen.

4 Kinder sollen sich 10 Birnen teilen.

Jedes Kind bekommt _______ Birnen.

Verwandle in die kleinere Einheit!

Wie viel cm?		Wie viel kg?		Wie viel ml?	
$\frac{3}{10}$ m =	cm	$\frac{2}{5}$ t =	kg	$\frac{1}{8}$ l =	ml
$\frac{3}{4}$ m =	cm	$\frac{5}{8}$ t =	kg	$\frac{13}{20}$ l =	ml
$\frac{7}{5}$ m =	cm	$2\,\frac{47}{100}$ t =	kg	$4\,\frac{3}{8}$ l =	ml
$1\,\frac{7}{10}$ m =	cm	$3\,\frac{3}{10}$ t =	kg	$\frac{3}{5}$ l =	ml

Was ist gleich? Verbinde!

Schreibe als Bruch!

250 ml = _______ l   125 g = _______ kg   60 cm = _______ m

3 mm = _______ cm   600 kg = _______ t   625 ml = _______ l

Verwandle die gemischten Zahlen in Brüche!

$1\frac{3}{4}$ = _______ $3\frac{2}{5}$ = _______ $6\frac{4}{9}$ = _______ $4\,\frac{11}{12}$ = _______

Teile und schreibe dann als gemischte Zahl.

251 : 10 = __________   38 : 9 = __________

63 : 5 = __________   46 : 7 = __________

6 In vielerlei Gestalt

Das Datum von heute

___

Jörn, Martin und Tobias machen eine Radtour. An einem Obstgarten pflückt ein Bauer Birnen. Er schenkt den Jungen zwölf saftige Birnen. „Teilt sie euch!", sagt er. „Jeder kriegt $\frac{4}{12}$!", sagt Jörn.
Martin meint:
„Ganz einfach, jeder erhält ein $\frac{1}{3}$!"
Tobias lacht:
„Ich glaube, jeder bekommt $\frac{2}{6}$!"
Wer hat recht?

___

Hier sind Torten und Schokoladentafeln aufgeteilt.
Schreibe die Bruchteile in verschiedener Form auf.

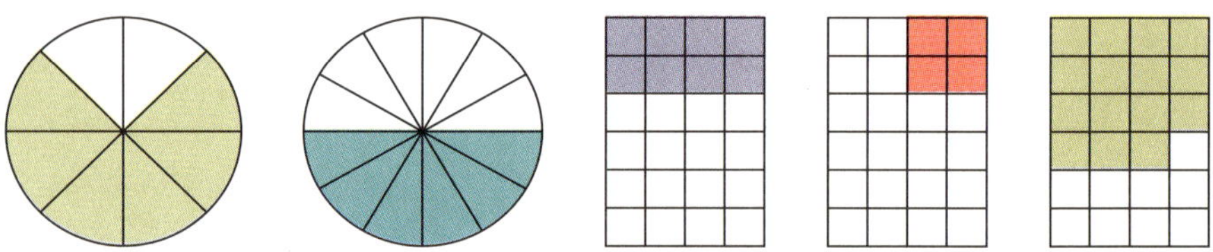

___ ___ ___ ___ ___

Erweitere die folgenden Brüche zuerst mit 3, und diesen Bruch dann mit 4.

$\frac{1}{3}$ = ___ = ___ $\frac{1}{5}$ = ___ = ___

$\frac{1}{7}$ = ___ = ___ $\frac{4}{9}$ = ___ = ___

a) Erweitere die Brüche!

	$\frac{3}{7}$	$\frac{2}{11}$	$\frac{6}{13}$	$\frac{1}{4}$	$\frac{5}{2}$	$\frac{10}{7}$	$\frac{5}{6}$	$\frac{9}{4}$
mit 6								
mit 9								

b) Erweitere die folgenden Brüche so, dass jeder Bruch den Nenner 48 hat.

$\frac{2}{3} = \frac{\quad}{48}$ $\qquad \frac{5}{8} = \frac{\quad}{48}$ $\qquad \frac{7}{6} = \frac{\quad}{48}$ $\qquad \frac{5}{12} = \frac{\quad}{48}$ $\qquad \frac{9}{4} = \frac{\quad}{48}$

Kürze die folgenden Brüche mit 3.

$\frac{18}{24} = \frac{\quad}{\quad}$ $\qquad \frac{9}{39} = \frac{\quad}{\quad}$ $\qquad \frac{66}{27} = \frac{\quad}{\quad}$ $\qquad \frac{48}{15} = \frac{\quad}{\quad}$

Kürze hier so weit wie möglich.

$\frac{16}{48} = \frac{\quad}{\quad}$ $\qquad \frac{24}{60} = \frac{\quad}{\quad}$ $\qquad \frac{144}{54} = \frac{\quad}{\quad}$ $\qquad \frac{180}{84} = \frac{\quad}{\quad}$

Hier sind einige Gleichungen falsch. Kreuze an!

$\frac{49}{35} = \frac{7}{5}$	w / f	$\frac{48}{80} = \frac{4}{5}$	w / f
$\frac{9}{13} = \frac{63}{91}$	w / f	$\frac{5}{12} = \frac{40}{96}$	w / f
$\frac{5}{16} = \frac{25}{80}$	w / f	$\frac{3}{8} = \frac{27}{64}$	w / f
$\frac{35}{120} = \frac{15}{40}$	w / f	$\frac{55}{121} = \frac{5}{11}$	w / f

7 Mit gleichem Namen

Das Datum von heute ____________

Beim Schulfest wurden an drei Ständen Keramikarbeiten aus dem Werkunterricht verkauft. Am Mittag sah das Verkaufsergebnis so aus:

Stand von	Meike	Jonas	Nadine
Anzahl der angebotenen Arbeiten	30	20	40
Anzahl der verkauften Arbeiten	13	9	17

An welchem Stand wurde das beste, an welchem das schlechteste Verkaufsergebnis erzielt?

Das beste Verkaufsergebnis hatte ________________.

Das schlechteste Verkaufsergebnis hatte ________________.

Ordne die Brüche nach der Größe!

$\frac{3}{9}$, $\frac{1}{9}$, $\frac{8}{9}$, $\frac{5}{9}$: ________________

$\frac{15}{32}$, $\frac{8}{32}$, $\frac{1}{32}$, $\frac{29}{32}$: ________________

Bestimme das kgV!

kgV (8;15) = ______

kgV (36;21) = ______

kgV (12;15;20) = ________

a) Vergleiche die Brüche. Mache sie erst gleichnamig und setze dann die Zeichen <, > oder = ein!

$\frac{5}{24}$ ☐ $\frac{5}{8}$ → ________ $\frac{7}{30}$ ☐ $\frac{5}{18}$ → ________

$\frac{9}{12}$ ☐ $\frac{15}{20}$ → ________ $\frac{11}{6}$ ☐ $\frac{9}{8}$ → ________

b) Vergleiche auch diese gemischten Zahlen. Setze < oder > ein.

$1\frac{3}{4}$ ☐ $2\frac{1}{3}$ $5\frac{7}{8}$ ☐ $5\frac{2}{5}$ $3\frac{7}{12}$ ☐ $3\frac{8}{15}$ $1\frac{5}{9}$ ☐ $1\frac{7}{8}$

a) Mache die Brüche gleichnamig. Ordne sie dann nach der Größe.

$\frac{5}{12}, \frac{3}{5}, \frac{1}{4}, \frac{5}{6}$: ________ $\frac{3}{2}, \frac{7}{16}, \frac{1}{6}, \frac{5}{8}$: ________

b) Suche den passenden Hauptnenner und ordne dann die Brüche nach der Größe.

$\frac{3}{5}, \frac{17}{50}, \frac{9}{20}, \frac{7}{5}, \frac{3}{4}$: ________

$\frac{7}{20}, \frac{16}{15}, \frac{9}{10}, \frac{7}{60}, \frac{17}{30}$: ________

Schreibe jeweils drei passende Brüche oder gemischte Zahlen auf.

________ < 1; ________ $> \frac{3}{4}$

________ $> 2\frac{1}{2}$; ________ $< \frac{1}{10}$

8 schön regelmäßig

Das Datum von heute ____________

Kreuze an! Manchmal sind mehrere Kreuze möglich.

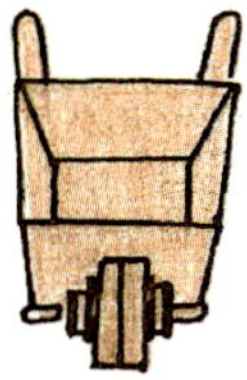

achsensymmetisch ☐
punktsymmetrisch ☐
drehsymmetrisch ☐

achsensymmetrisch ☐
punktsymmetrisch ☐
drehsymmetrisch ☐

achsensymmetrisch ☐
punktsymmetrisch ☐
drehsymmetrisch ☐

achsensymmetisch ☐
punktsymmetrisch ☐
drehsymmetrisch ☐

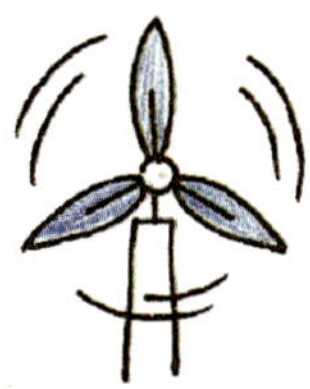

achsensymmetrisch ☐
punktsymmetrisch ☐
drehsymmetrisch ☐

achsensymmetrisch ☐
punktsymmetrisch ☐
drehsymmetrisch ☐

Zeichne zu jeder Figur ihr achsensymmetrisches Abbild.

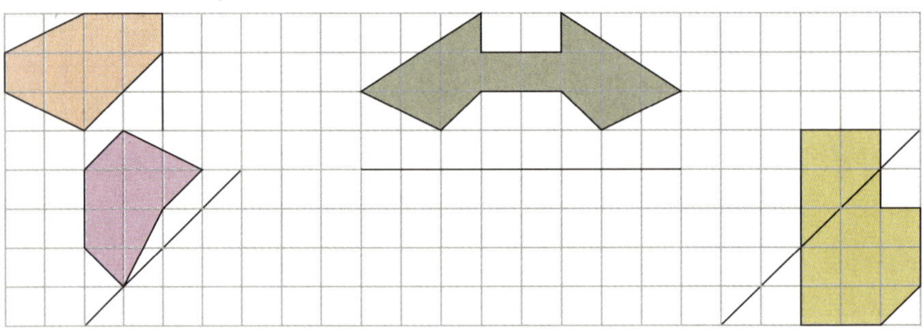

Zeichne zu jeder Figur durch eine Punktspiegelung an *S* die richtige Bildfigur.

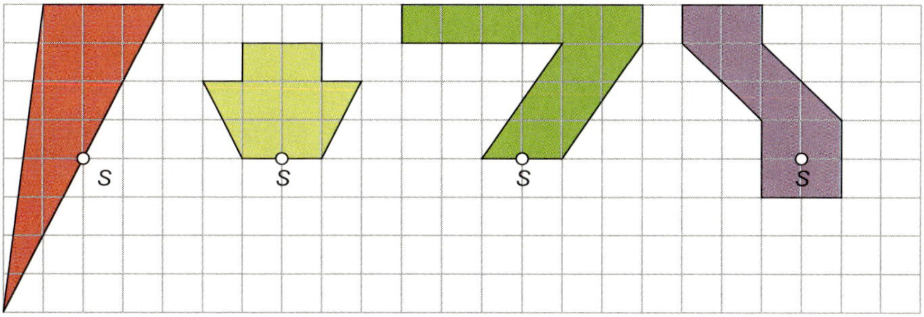

Drehe die Figur um *S* mit einem Winkel von 90° und von 180°.

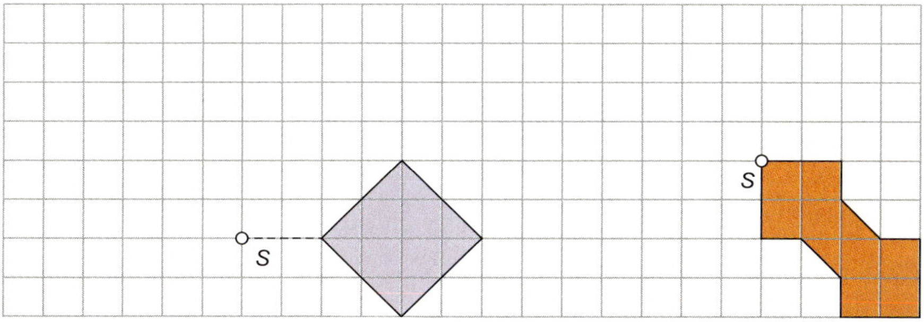

Drehe jede Figur um *S*, zuerst mit einem Winkel von 90°, dann mit 180° und zuletzt mit 270°.

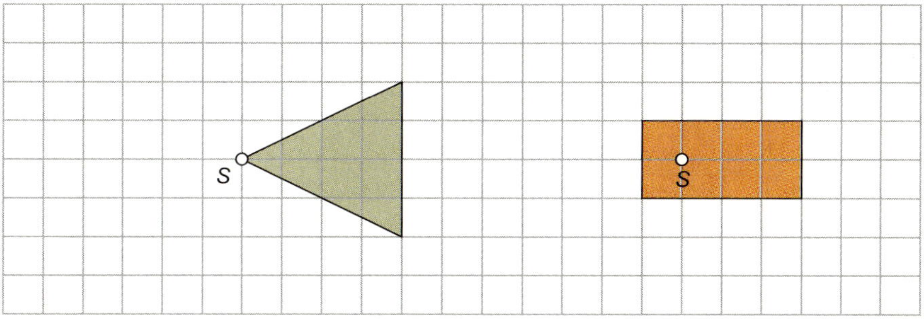

9 Mehr als gleich

Das Datum von heute ______________

Du siehst zwei Fotos von einem Negativbild.

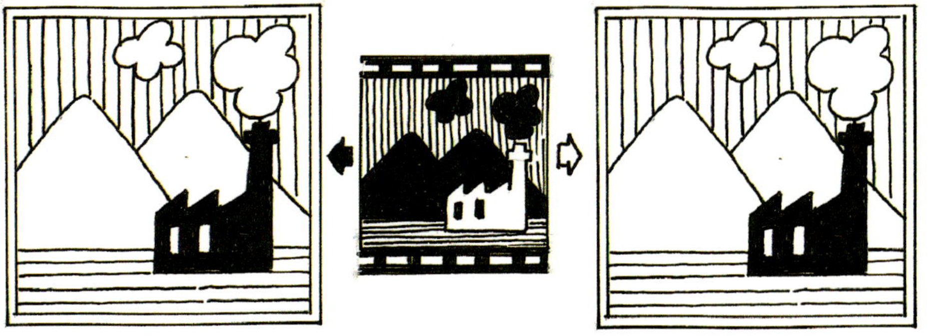

Die beiden Fotos sind kongruent ☐, nicht kongruent ☐.
Kreuze das richtige an.

Immer zwei der folgenden Figuren sind kongruent zueinander. Suche die passenden Paare und schreibe die beiden Buchstaben auf.

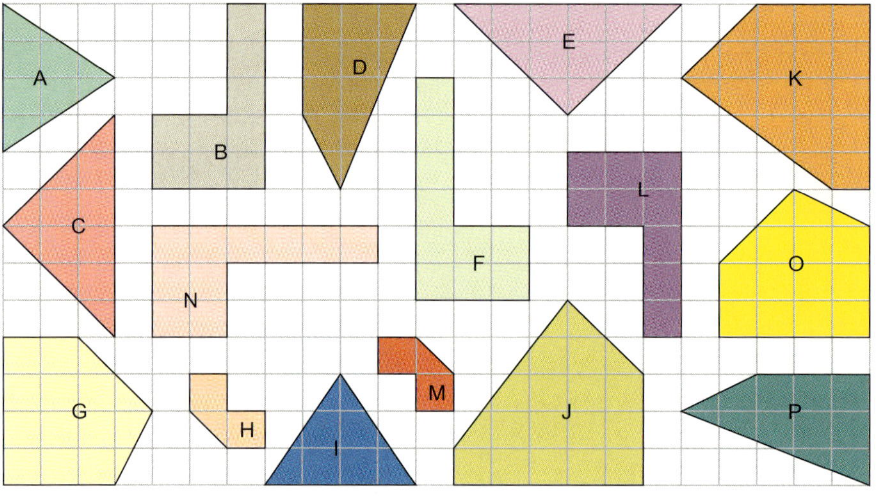

_______, _______, _______, _______, _______, _______, _______, _______

Färbe in jeder Figur die kongruenten Teile jeweils mit der gleichen Farbe ein.

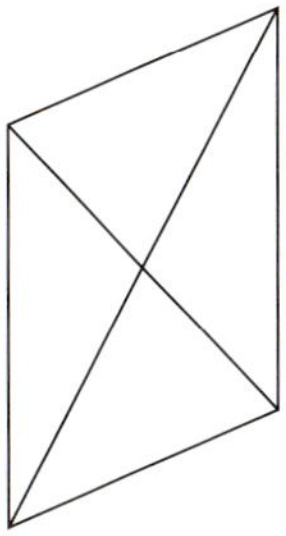
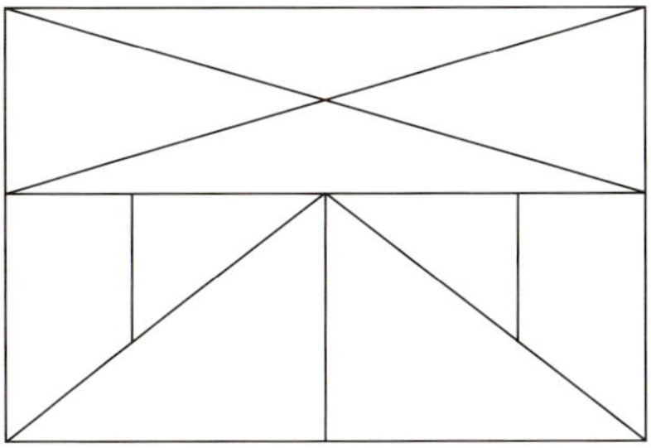
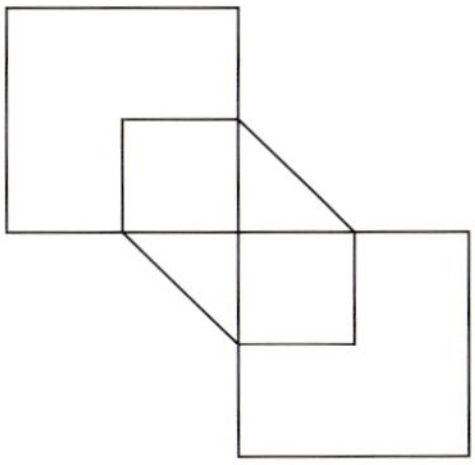

Durch Achsenspiegelung, Verschiebung und Drehung wurde aus der Figur A die Figur B hergestellt. Schreibe auf, in welcher Reihenfolge die Abbildungen durchgeführt wurden.

a)

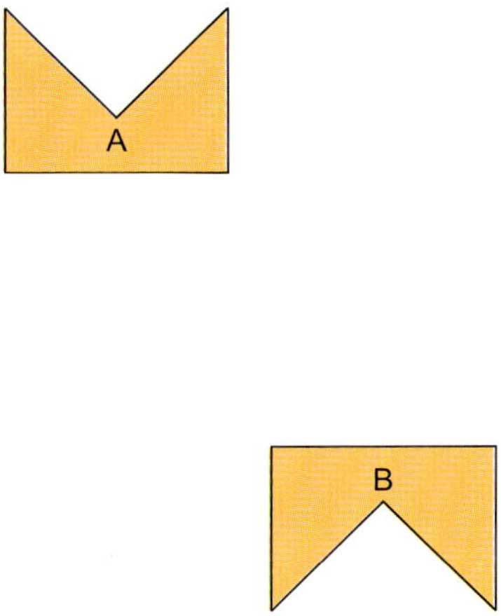

1. ____________________
2. ____________________
3. ____________________
4. ____________________
5. ____________________

b)

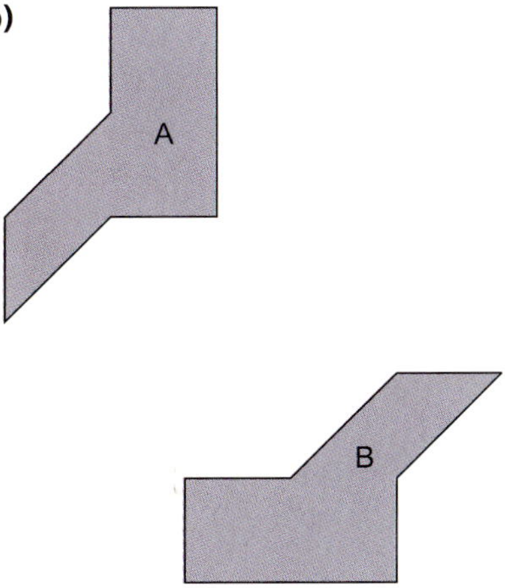

1. ____________________
2. ____________________
3. ____________________
4. ____________________
5. ____________________

10 Spitz und stumpf

Das Datum von heute ______________

Der neue Weg in die Siedlung soll die Hauptstraße in einem Winkel von 45° schneiden (siehe Planskizze). Der Winkel auf der anderen Seite der Hauptstraße beträgt dann 135°. Dadurch würde aber ein Naturschutzgebiet berührt. Ein Winkel von 150° wäre deshalb besser. In welchem Winkel müsste der neue Weg die Hauptstraße schneiden, wenn das Naturschutzgebiet geschont werden soll?

Der Winkel müsste ____________ betragen.

Miss die Winkel mit deinem Geodreieck.

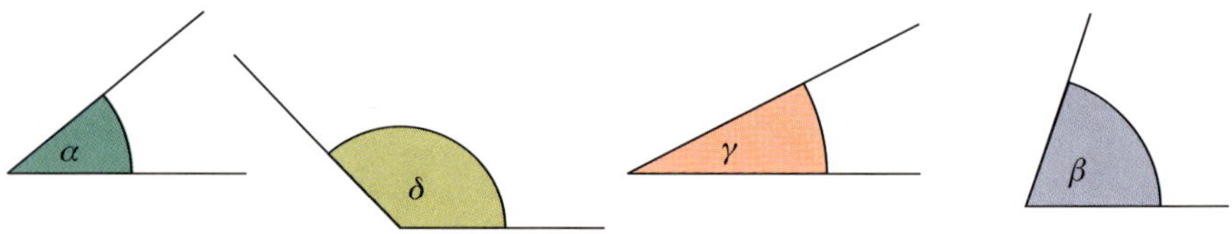

α = ________ β = ________ γ = ________ δ = ________

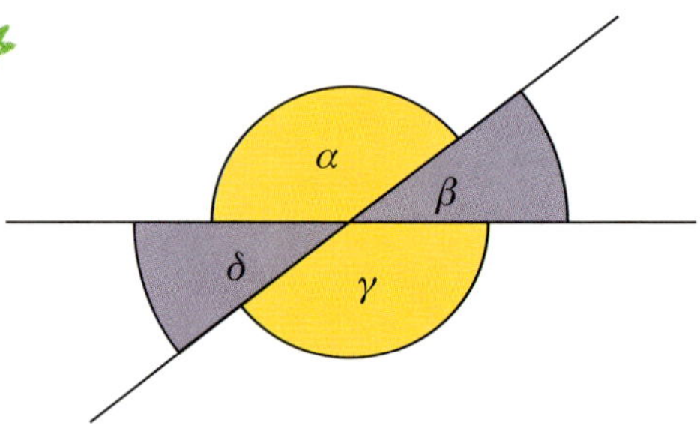

Der Winkel β ist 38° groß. Wie groß sind die anderen Winkel?

α = ________

γ = ________

δ = ________

Ordne die Winkelbezeichnungen den passenden griechischen Buchstaben zu.

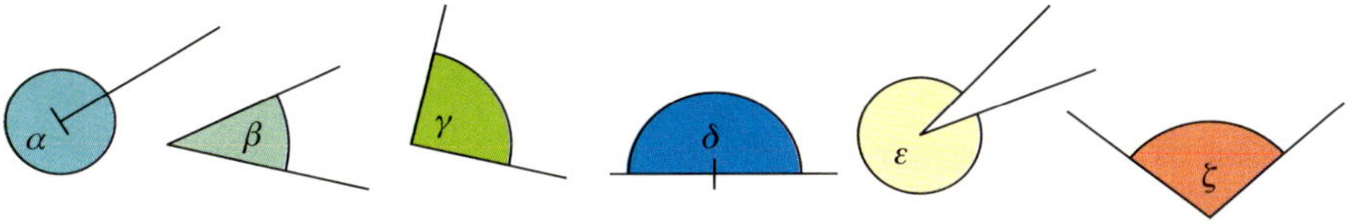

spitzer Winkel: ____ rechter Winkel: ____ stumpfer Winkel: ____

gestreckter Winkel: ____ überstumpfer Winkel: ____ Vollwinkel: ____

a)

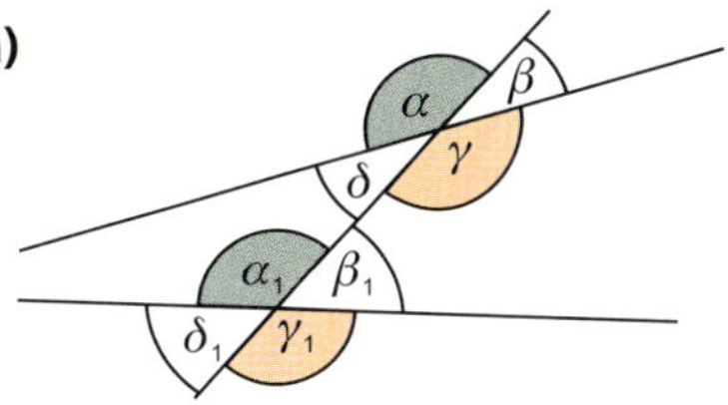

$\alpha = 148°$ und $\alpha_1 = 130°$
Berechne die anderen Winkel!

$\beta =$ _______ $\gamma =$ _______ $\delta =$ _______

$\beta_1 =$ _______ $\gamma_1 =$ _______ $\delta_1 =$ _______

b)

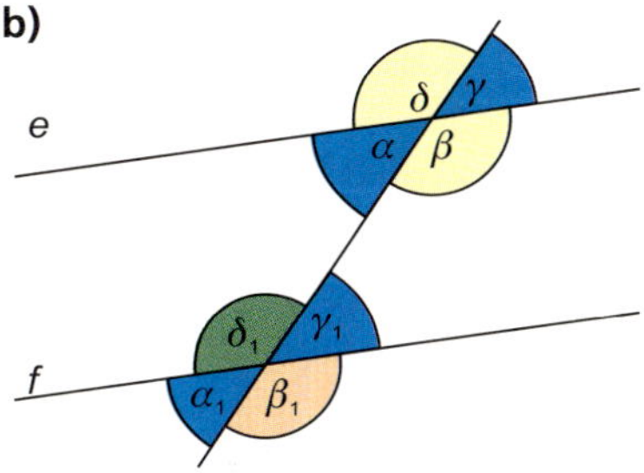

Die Geraden e und f sind parallel zueinander. Der Winkel α ist 48° groß. Wie groß sind die anderen Winkel?

$\beta =$ _______ $\gamma =$ _______ $\delta =$ _______

$\alpha_1 =$ _______ $\beta_1 =$ _______

$\gamma_1 =$ _______ $\delta_1 =$ _______

Miss in jeder Figur die Winkel. Addiere jeweils die Winkelgrößen.
Welche Winkelsumme erhältst du?

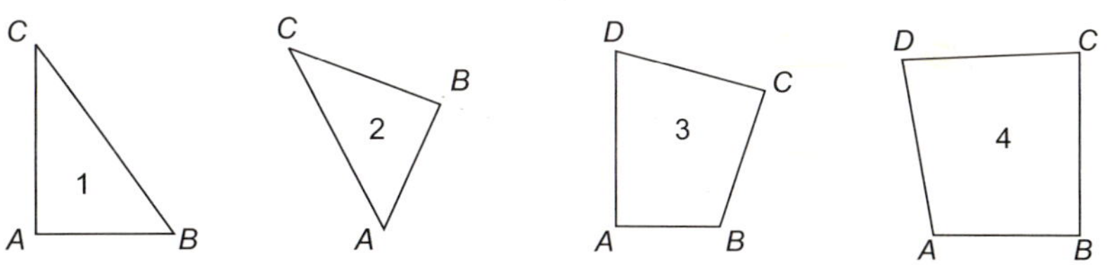

1: ____________ 2: ____________ 3: ____________ 4: ____________

Das Datum von heute

11 Kleine und große Bruchzahlen

Benno und Alisa pflanzen im Gewächshaus Salat. Alisa sagt: „Ich habe zwei Drittel meiner Arbeit geschafft. Ich bin gleich fertig." Benno erwidert: „Ich glaube, ich bin eher fertig als du. Ich habe schon drei Viertel gepflanzt."
Wer hat mehr geschafft?

Schreibe deine Antwort auf:

____

a) Setze < oder > ein!

$\frac{3}{7}$ □ $\frac{5}{7}$; $\frac{8}{15}$ □ $\frac{4}{15}$; $\frac{12}{35}$ □ $\frac{21}{35}$; $\frac{54}{59}$ □ $\frac{45}{59}$

b) Mache die Bruchzahlen gleichnamig. Rechne im Kopf.
Setze dann <, > oder = ein.

$\frac{2}{3}$ □ $\frac{3}{15}$; $\frac{3}{4}$ □ $\frac{2}{3}$; $\frac{5}{18}$ □ $\frac{5}{12}$; $\frac{7}{8}$ □ $\frac{21}{24}$

Ordne die Bruchzahlen nach der Größe.
Beginne mit der kleinsten Zahl.

$\frac{1}{7}$; $\frac{1}{2}$; $\frac{1}{5}$; $\frac{1}{9}$; $\frac{1}{4}$; $\frac{1}{10}$; $\frac{1}{3}$; $\frac{1}{15}$; $\frac{1}{6}$

____

____

Setze auch hier <, > oder = ein.

$\frac{7}{8}$ ☐ $\frac{13}{16}$; $\frac{5}{9}$ ☐ $\frac{4}{5}$; $\frac{2}{11}$ ☐ $\frac{3}{13}$; $\frac{7}{2}$ ☐ $\frac{2}{7}$

$2\frac{1}{5}$ ☐ $2\frac{5}{8}$; $\frac{16}{7}$ ☐ $2\frac{1}{2}$; 4 ☐ $\frac{12}{3}$; $3\frac{5}{6}$ ☐ $\frac{69}{18}$

Schreibe jeweils drei Bruchzahlen auf, die kleiner als die angegebene Bruchzahl sind.

______, ______, ______ $< \frac{3}{7}$ ______, ______, ______ $< \frac{3}{11}$

Schreibe jeweils drei Bruchzahlen auf, die größer als die angegebene Bruchzahl sind.

______, ______, ______ $> \frac{2}{5}$ ______, ______, ______ $> \frac{8}{9}$

a) Hier werden die Bruchzahlen nach rechts größer. Fülle die Lücken passend aus.

$\frac{1}{9}$		$\frac{1}{4}$		$\frac{8}{15}$		$\frac{19}{27}$		$\frac{17}{18}$

b) Hier werden die Bruchzahlen nach rechts immer kleiner.

$\frac{19}{21}$		$\frac{34}{49}$		$\frac{4}{7}$		$\frac{16}{35}$		$\frac{2}{7}$

c) Vergleiche die Hälfte eines Drittels mit dem Drittel der Hälfte. Schreibe die Antwort hier auf:

____

____

12 Plus und minus mit Brüchen

Das Datum von heute ____________

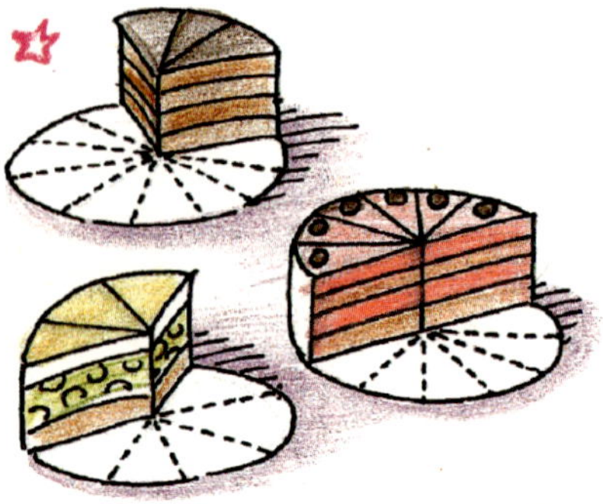

Beim Geburtstagskaffee der Familie Leckers bleibt von drei Torten etwas übrig. Von den 12 Stücken der Schokoladentorte sind noch 3 auf der Platte, auch von den 8 Stücken der Apfeltorte sind 3 übrig. Und von der Nusssahnetorte ist sogar die Hälfte übrig. „Das passt genau", sagt Björn zu seiner Mutter. „Das ist zusammen genau eine ganze Torte, eine Mischtorte." Stimmt das?

Alle Reste zusammen ergeben ____________ Mischtorte.

Setze den richtigen Bruch ein.

$\frac{4}{9} + \_\_\_\_ = \frac{7}{9}$ $\qquad \frac{11}{12} - \_\_\_\_ = \frac{7}{12}$ $\qquad \_\_\_\_ + \frac{7}{25} = \frac{16}{25}$

a) Fülle die Rechentafel aus. Bilde den Hauptnenner im Kopf.

+	$\frac{1}{4}$	$\frac{1}{6}$	$\frac{2}{7}$
$\frac{1}{3}$	$\frac{7}{12}$	$\frac{3}{6}$	$\frac{13}{21}$
$\frac{2}{5}$	$\frac{13}{20}$	$\frac{17}{30}$	$\frac{24}{35}$
$\frac{3}{8}$	$\frac{5}{8}$	$\frac{13}{24}$	$\frac{37}{56}$

−	$\frac{2}{3}$	$\frac{3}{4}$	$\frac{2}{9}$
$\frac{5}{6}$			
$\frac{7}{8}$			
$\frac{12}{5}$			

b) $\frac{1}{3} + \frac{1}{2} =$ ____________ $\qquad \frac{1}{2} - \frac{1}{4} =$ ____________ $\qquad \frac{1}{4} - \frac{1}{5} =$ ____________

Suche zuerst den Hauptnenner.

$\frac{3}{10} + \frac{4}{7} =$ ________ $\frac{5}{8} - \frac{5}{12} =$ ________ $\frac{7}{15} + \frac{7}{20} =$ ________

$\frac{16}{21} - \frac{9}{28} =$ ________ $\frac{11}{25} + \frac{8}{15} =$ ________ $\frac{17}{18} - \frac{14}{15} =$ ________

$\frac{7}{12} + \frac{9}{16} =$ ________ $\frac{25}{24} - \frac{7}{20} =$ ________ $\frac{53}{70} + \frac{82}{105} =$ ________

Addiere! Subtrahiere!

a) $5\frac{5}{12} + 3\frac{5}{7} =$ ____________ $3\frac{1}{15} - 1\frac{11}{25} =$ ____________

$11\frac{18}{45} - 7\frac{7}{8} =$ ____________ $4\frac{5}{6} + 6\frac{4}{5} =$ ____________

$\frac{2}{3} + \frac{1}{4} + \frac{5}{6} =$ ____________ $\frac{7}{8} + \frac{7}{12} + \frac{7}{16} =$ ____________

$\frac{5}{9} - \frac{1}{3} - \frac{1}{27} =$ ____________ $\frac{11}{12} - \frac{1}{3} - \frac{1}{4} - \frac{1}{5} =$ ____________

b) Bilde eine Additionsaufgabe, in der die Ziffern 0 bis 9 nur einmal vorkommen. Die Summe soll 100 betragen. Es gibt mehrere Lösungen:

____

13 Vielfache Brüche

Das Datum von heute ______________

a)

In einem Kasten Mineralwasser sind 12 Flaschen. Jede Flasche enthält $\frac{3}{4}$ l Mineralwasser.
Ein erwachsener Mensch soll jeden Tag mindestens 2 l Flüssigkeit zu sich nehmen. Reicht dafür ein Kasten Mineralwasser in der Woche?

In einem Kasten Mineralwasser sind ________ l Mineralwasser.

In einer Woche braucht man ________ l. Also: ________________.

b) $\frac{2}{5} \cdot 10 =$ ______ $\frac{7}{8} \cdot 4 =$ ______ $\frac{4}{9} \cdot 12 =$ ______

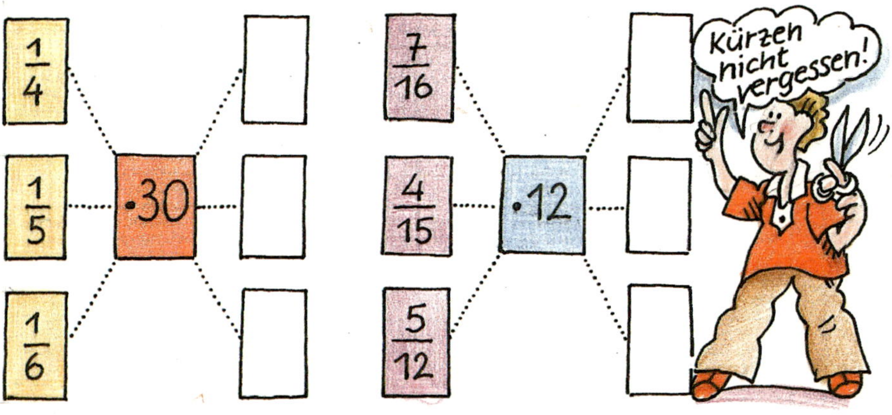

$3\frac{2}{3} \cdot 6 =$ __________ = ______ $2\frac{8}{9} \cdot 15 =$ __________ = ______

$1\frac{8}{15} \cdot 10 =$ __________ = ______ $2\frac{1}{18} \cdot 9 =$ __________ = ______

Zum Abendbrot gibt es leckere Trinkschokolade. Pitt möchte 5 Tassen, in jeder Tasse soll $\frac{1}{4}$ l sein. Pia möchte 4 Tassen, in jeder Tasse soll $\frac{1}{5}$ l sein. Wer hat mehr?

______________ hat mehr.

Für ihre Pflanzen hat die Baumschule Buschmann eine Anbaufläche von $\frac{7}{8}$ ha, das sind 8 750 m^2, zur Verfügung. Auf $\frac{2}{5}$ dieser Fläche stehen Beerensträucher und Obstbäume. $\frac{1}{5}$ der Fläche ist für Rosen vorgesehen.
Berechne die Fläche für Beerensträucher und Obstbäume und die Fläche für Rosen.

Beerensträucher und Obstbäume: __________ ha

Rosen: __________ ha

a) Schreibe als Produkt. Rechne dann.

$\frac{2}{3}$ von $\frac{7}{8}$ → __________ = ______ $\frac{3}{8}$ von $\frac{4}{9}$ → __________ = ______

b)

$\frac{7}{8}$, $\frac{2}{3}$, $\frac{4}{5}$ → $\cdot\frac{10}{14}$ → ☐ ☐ ☐

$\frac{3}{14}$, $\frac{16}{21}$, $\frac{6}{7}$ → $\cdot\frac{7}{24}$ → ☐ ☐ ☐

14 Geteilte Brüche

Das Datum von heute

____

Bei Nicole sind fünf Freundinnen zu Besuch. Nicole mischt zur Erfrischung für alle eine Flasche Mineralwasser ($\frac{3}{4}$ l) mit $\frac{3}{8}$ l Orangensaft. Dann verteilt sie alles gleichmäßig auf 6 Gläser. Wie viel l bekommt jedes Mädchen?

Jedes Mädchen bekommt ______ l Erfrischungsgetränk.

a) $\frac{5}{6} : 3 =$ __________ $\frac{1}{8} : 5 =$ __________ $\frac{3}{7} : 4 =$ __________

$\frac{8}{9} : 4 =$ __________ $\frac{12}{11} : 9 =$ __________ $\frac{14}{15} : 21 =$ __________

b) Teile jeweils durch die angegebene Zahl.

	: 3	: 5	: 7
$\frac{2}{5}$			

	: 2	: 4	: 6
$\frac{4}{9}$			

Wandle die gemischten Zahlen zuerst in Brüche um.

$2\frac{2}{5} : 4 =$ ____________ = ______ $2\frac{2}{3} : 6 =$ ____________ = ______

$2\frac{1}{7} : 10 =$ ____________ = ______ $1\frac{7}{11} : 12 =$ ____________ = ______

LÖSUNGEN

1

Anzahl Kartons	Anzahl Dosen
1	30
2	60
3	90
4	120
5	150
6	180
7	210
8	240
9	270
10	300

[2]

linke Tabelle: w; w; f
rechte Tabelle: f; f; w [2]

V_8 = {8, 16, 24, 32, 40, 48, 56, 64, ...}
V_{12} = {12, 24, 36, 48, 60, 72, 84, 96, ...}
V_{18} = {18, 36, 54, 72, 90, 108, 126, 144, ...} [3]

kgV(8;12) = 24; kgV(3;5) = 15;
kgV(2;3;4) = 12; kgV(12;18) = 36;
kgV(9;6) = 18; kgV(6;10;12) = 60;
kgV(8;18) = 72; kgV(15:24) = 120;
kgV(15;20;50) = 300 [9]

allein (1 Person) oder
mit 2, 3, 4, 6, 9, 12, 18 Personen [2]

a) **12:** 1 · 12; 2 · 6; 3 · 4
30: 1 · 30; 2 · 15; 3 · 10; 5 · 6
21: 1 · 21; 3 · 7
60: 1 · 60; 2 · 30; 3 · 20; 4 · 15; 5 · 12; 6 · 10 [4]

b) 1. Zeile: w; w; f; w
2. Zeile: w; w; f; w [2]

T_{32} = {1; 2; 4; 8; 16; 32};
T_{48} = {1; 2; 3; 4; 6; 8; 12; 16; 24; 48);
T_{36} = {1; 2; 3; 4; 6; 9; 12; 18; 36} [6]

2

Es können 45 oder 27 Reihen
mit Rosen gepflanzt werden. [2]

2 ∤ 121; 8 | 1 064; 25 | 3 875; 4 | 1 356;
4 | 432; 10 ∤ 705;
8 | 2 216; 10 ∤ 1 711; 5 | 605;
2 | 190; 4 ∤ 446; 5 | 520 (je 0,5 P.) [6]

durch 4 teilbar: 1 940; 1 296; 764; 2 572; 4 256; 2 960; 5 108
durch 5 teilbar: 825, 1 940, 1 555, 2 960, 1 010
durch 8 teilbar: 1 296, 4 256, 2 960
durch 10 teilbar: 1 940, 2 960, 1 010
Es bleiben übrig: 3 111, 554, 8 571, 334. [4]

9; 15 30; 19 19; 17 [6]

a) durch 3 teilbar: 1 761; 18 036; 14 862; 15 486; 50 283; 1 734; 16 461
durch 6 teilbar: 18 036; 14 862; 15 486; 1 734
durch 9 teilbar: 18 036; 50 283; 16 461
Es bleiben übrig: 767; 433; 18 760. [3]

b) Diese Ziffern können eingesetzt werden:
durch 4 teilbar: 0/4/8; 0/4/8; 0/2/4/6/8
durch 6 teilbar: 2/8; 2/8; 2/5/8
durch 9 teilbar: 8; 6; 7 [3]

w; w; f; f; w; w [6]

3

Anna hat 10 302, 1 345, 31 071, 1 007, 43 101 durchgestrichen. [5]

Primzahlen: 19, 41, 53, 67, 73, 89, 97 [2]
Zusammengesetzte Zahlen: 27, 39, 57, 63, 81, 87, 91, 117 [2]

$7^2 = 49$; $5^3 = 125$; $3^4 = 81$; $2^5 = 32$ [4]

a) $2 \cdot 3 \cdot 5$; $2 \cdot 3 \cdot 11$; $2 \cdot 3 \cdot 3 \cdot 5$; $2 \cdot 2 \cdot 2 \cdot 3 \cdot 5$; $2 \cdot 3 \cdot 3 \cdot 7$; $2 \cdot 2 \cdot 5 \cdot 7$ [6]

b) $36 = 2^2 \cdot 3^2$; $225 = 3^2 \cdot 5^2$; $324 = 2^2 \cdot 3^4$; $72 = 2^3 \cdot 3^2$ [4]

kgV(28;40) = 280; kgV(20;45) = 180;
kgV(45;72) = 360; kgV(25;80) = 400 [2]

3;5 5;7 11;13 17;19 29;31
41;43 59;61 71;73 [4]

größte zweistellige Primzahl: 97; [1]
kleinste dreistellige Primzahl: 101

4

Anna: 3 Stücke Schokolade;
Alex: 5 Stücke Schokolade [3]

a) [4]

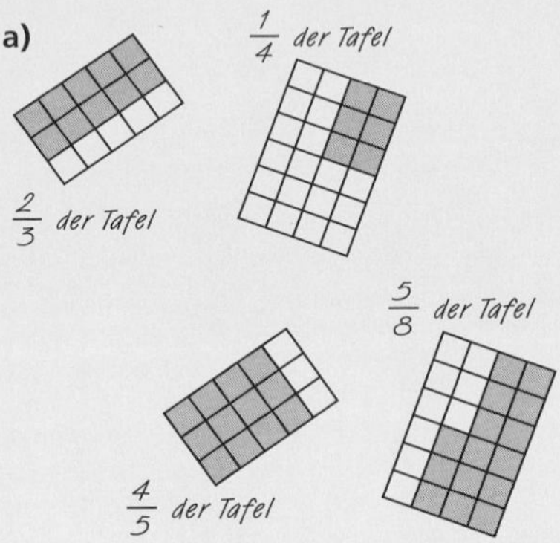

b) $\frac{1}{3}$; $\frac{1}{2}$; $\frac{3}{8}$; $\frac{1}{12}$ [4]

9 Stücke, 12 Stücke, 15 Stücke [3]

$\frac{1}{4}$; $\frac{1}{3}$; $\frac{5}{8}$; $\frac{5}{12}$ [4]

[4]

$\frac{3}{4}$

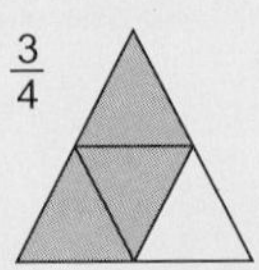

$\frac{7}{16}$

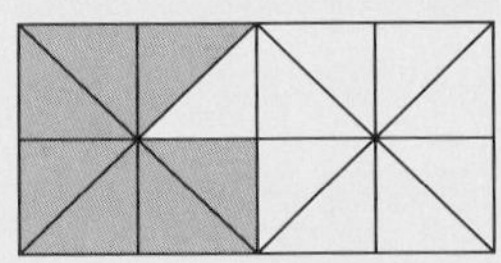

$\frac{1}{2}$

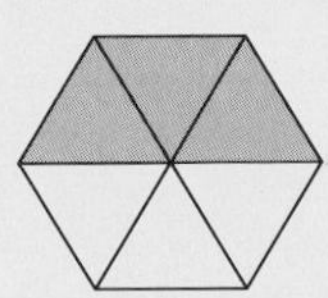

$\frac{2}{3}$

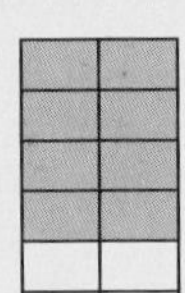

$2\frac{5}{6}$; $3\frac{1}{2}$; $1\frac{2}{3}$; $2\frac{1}{4}$ [4]

$1\frac{1}{5}$; $2\frac{1}{2}$; $3\frac{7}{10}$; $5\frac{2}{5}$ [4]

5

Jeder bekommt eine $\frac{3}{4}$ Pizza. [2]

Jedes Kind bekommt $\frac{3}{5}$ Äpfel.
Jeder Gast kann $\frac{1}{4}$ Torte essen.
Jedes Kind bekommt $\frac{10}{4} = \frac{5}{2} = 2\frac{1}{2}$ Birnen. [3]

Spalte „Wie viel cm?“:
30 cm; 75 cm; 140 cm; 170 cm
Spalte „Wie viel kg?“:
400 kg; 625 kg, 2 470 kg; 3 300 kg
Spalte „Wie viel ml?“:
125 ml; 650 ml; 4 375 ml; 600 ml [6]

$\frac{13}{5} = 2\frac{3}{5}$ $\quad 3\frac{1}{3} = \frac{10}{3}$ $\quad 3 : 8 = \frac{3}{8}$
$\frac{7}{10} = 7 : 10$ $\quad 3 : 2 = 1\frac{1}{2}$ [5]

$\frac{1}{4}$ l; $\frac{1}{8}$ kg; $\frac{3}{5}$ m; $\frac{3}{10}$ cm; $\frac{3}{5}$ t; $\frac{5}{8}$ l [6]

$\frac{7}{4}$; $\frac{17}{5}$; $\frac{58}{9}$; $\frac{59}{12}$ [4]

$25\frac{1}{10}$; $4\frac{2}{9}$; $12\frac{3}{5}$; $6\frac{4}{7}$ [4]

6

Alle haben Recht. Die angegebenen Brüche sind gleich. [2]

$\frac{6}{8} = \frac{3}{4}$; $\frac{6}{12} = \frac{1}{2}$; $\frac{8}{24} = \frac{1}{3}$; $\frac{4}{24} = \frac{1}{6}$; $\frac{15}{24} = \frac{5}{8}$ [5]

$\frac{1}{3} = \frac{3}{9} = \frac{12}{36}$; $\frac{1}{5} = \frac{3}{15} = \frac{12}{60}$; $\frac{1}{7} = \frac{3}{21} = \frac{12}{84}$;
$\frac{4}{9} = \frac{12}{27} = \frac{48}{108}$ [4]

[4]

a)	$\frac{3}{7}$	$\frac{2}{11}$	$\frac{6}{13}$	$\frac{1}{4}$	$\frac{5}{2}$	$\frac{10}{7}$	$\frac{5}{6}$	$\frac{9}{4}$
mit 6	$\frac{18}{42}$	$\frac{12}{66}$	$\frac{36}{78}$	$\frac{6}{24}$	$\frac{30}{12}$	$\frac{60}{42}$	$\frac{30}{36}$	$\frac{54}{24}$
mit 9	$\frac{27}{63}$	$\frac{18}{99}$	$\frac{54}{117}$	$\frac{9}{36}$	$\frac{45}{18}$	$\frac{90}{63}$	$\frac{45}{54}$	$\frac{81}{36}$

b) $\frac{32}{48}$; $\frac{30}{48}$; $\frac{56}{48}$; $\frac{20}{48}$; $\frac{108}{48}$ [5]

$\frac{6}{8}$; $\frac{3}{13}$; $\frac{22}{9}$; $\frac{16}{5}$ [2] $\quad \frac{1}{3}$; $\frac{2}{5}$; $\frac{8}{3}$; $\frac{15}{7}$ [4]

Tabelle 1: w 2: f 3: w 4: f
w w f w [4]

7

bestes Verkaufsergebnis: Jonas;
schlechtestes Ergebnis: Nadine [5]

$\frac{1}{9} < \frac{3}{9} < \frac{5}{9} < \frac{8}{9}$; $\quad \frac{1}{32} < \frac{8}{32} < \frac{15}{32} < \frac{29}{32}$ [2]

kgV(8;15) = 120; kgV(36;21) = 252;
kgV(12;15;20) = 60 [3]

a) $\frac{5}{24} < \frac{15}{24}$; $\frac{21}{90} < \frac{25}{90}$; $\frac{45}{60} = \frac{45}{60}$; $\frac{44}{24} > \frac{27}{24}$ [4]

b) $1\frac{3}{4} < 2\frac{1}{3}$; $5\frac{7}{8} > 5\frac{2}{5}$; $3\frac{7}{12} > 3\frac{8}{15}$; $1\frac{5}{9} < 1\frac{7}{8}$ [4]

a) $\frac{15}{60} < \frac{25}{60} < \frac{36}{60} < \frac{50}{60}$; [4]
$\frac{8}{48} < \frac{21}{48} < \frac{30}{48} < \frac{72}{48}$

b) $\frac{7}{5} > \frac{3}{4} > \frac{3}{5} > \frac{9}{20} > \frac{17}{50}$; [4]
$\frac{7}{60} < \frac{7}{20} < \frac{17}{30} < \frac{9}{10} < \frac{16}{15}$

zum Beispiel:
$\frac{1}{2}, \frac{1}{3}, \frac{1}{5} < 1$; $\quad \frac{7}{8}, 1\frac{1}{4}, \frac{15}{16} > \frac{3}{4}$;
$2\frac{2}{3}, 2\frac{5}{8}, 2\frac{3}{5} > 2\frac{1}{2}$; $\quad \frac{1}{15}, \frac{1}{20}, \frac{1}{30} < \frac{1}{10}$ [4]

8

[12]

	achsen-symme-trisch	punkt-symme-trisch	dreh-symme-trisch
Schubkarre	×		
Kirchenfenster	×	×	×
Schmetterling	×		
Spielkarte		×	
Rotor	×	×	×
Buchstabe	×	×	×

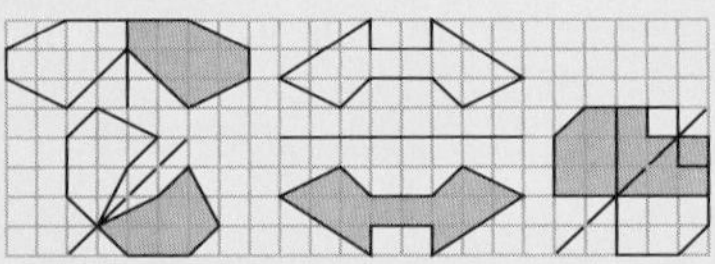

[4]

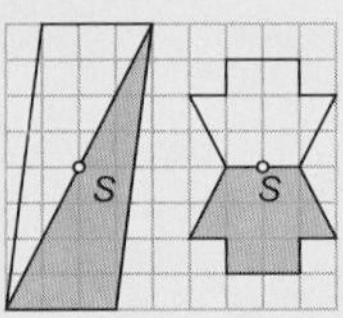

[2]

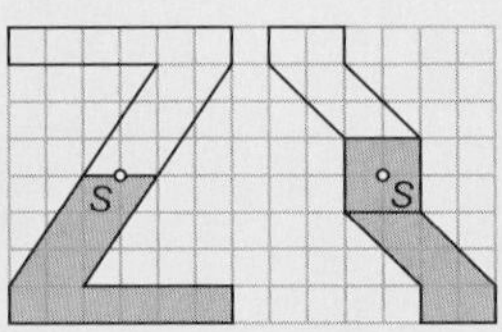

[2]

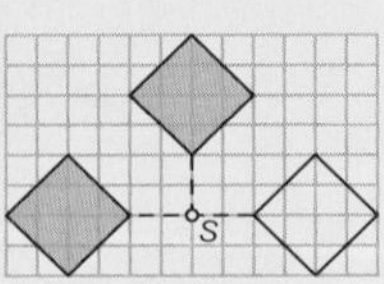

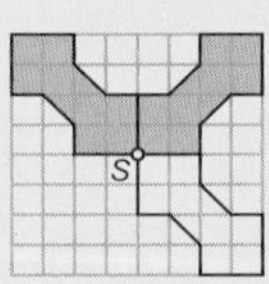

[2]
[2]

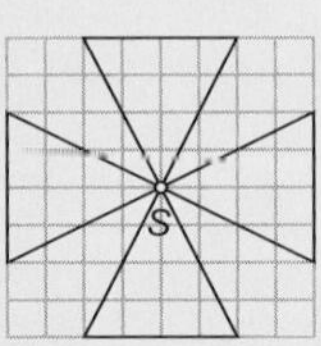

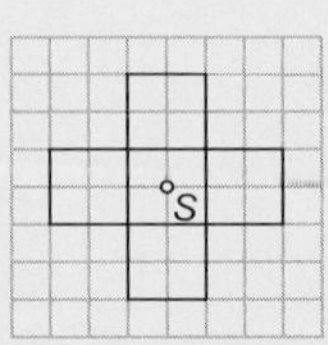

[3]
[3]

9

Die beiden Fotos sind kongruent. [2]

A und I; B und L; C und E; D und P; J und K; F und N; G und O; H und M [8]

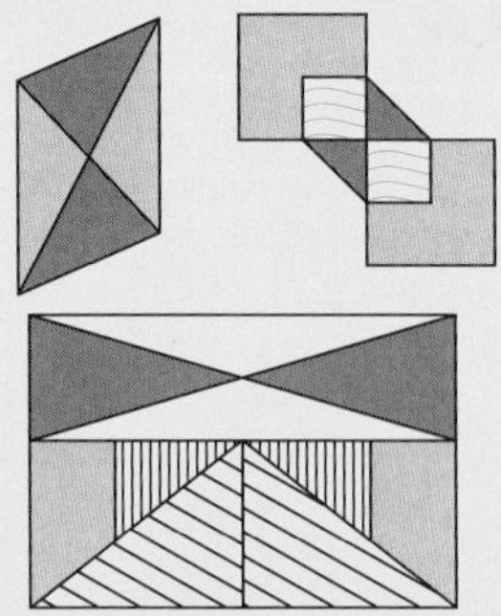

[10]

a) Achsenspiegelung, Verschiebung, Achsenspiegelung [5]

b) Achsenspiegelung, Drehung, Verschiebung [5]

Es gibt auch andere Lösungen.

10

Der Winkel müsste 30° betragen. [2]

$\alpha = 40°$; $\beta = 72°$; $\gamma = 28°$; $\delta = 133°$ [3]

$\alpha = 142°$; $\delta = 38°$; $\gamma = 142°$ [2]

Zeile 1: β; γ; ζ Zeile 2: δ; ε, α [6]

a) $\beta = 32°$; $\gamma = 148°$; $\delta = 32°$; $\beta_1 = 50°$; $\gamma_1 = 130°$; $\delta_1 = 50°$ [6]

b) $\beta = 132°$; $\gamma = 48°$; $\delta = 132°$; $\alpha_1 = 48°$, $\beta_1 = 132°$; $\gamma_1 = 48°$; $\delta_1 = 132°$ [7]

1: 180°; **2:** 180°; **3:** 360°; **4:** 360° [4]

11

Benno hat mehr geschafft.
($\frac{2}{3} < \frac{3}{4}$? Ja, denn $\frac{8}{12} < \frac{9}{12}$.) [2]

a) $\frac{3}{7} < \frac{5}{7}$; $\frac{8}{15} > \frac{4}{15}$; $\frac{12}{35} < \frac{21}{35}$; $\frac{54}{59} > \frac{45}{59}$ [4]

b) $\frac{2}{3} > \frac{3}{15}$; $\frac{3}{4} > \frac{2}{3}$; $\frac{5}{18} < \frac{5}{12}$; $\frac{7}{8} = \frac{21}{24}$ [4]

$\frac{1}{15} < \frac{1}{10} < \frac{1}{9} < \frac{1}{7} < \frac{1}{6} < \frac{1}{5} < \frac{1}{4} < \frac{1}{3} < \frac{1}{2}$ [2]

1. Zeile: >; <; <; > 2. Zeile: <; <; =; = [8]

zum Beispiel:

$\frac{1}{7}$; $\frac{1}{14}$; $\frac{5}{14} < \frac{3}{7}$; $\frac{2}{11}$; $\frac{1}{12}$; $\frac{1}{15} < \frac{3}{11}$

$\frac{3}{5}$; $\frac{2}{4}$; $\frac{2}{3} > \frac{2}{5}$; $\frac{9}{10}$; $1\frac{1}{9}$; $1\frac{1}{3} > \frac{8}{9}$ [4]

a) $\frac{1}{5}$; $\frac{5}{16}$; $\frac{9}{15}$; $\frac{20}{27}$

b) $\frac{18}{21}$; $\frac{3}{5}$; $\frac{18}{35}$; $\frac{3}{7}$ (je 0,5 P.) [4]

Es gibt noch weitere Möglichkeiten.

c) $\frac{1}{6} = \frac{1}{6}$ [2]

12

Alle Reste zusammen ergeben $1\frac{1}{8}$ Mischtorte. [3]

$\frac{3}{9}$; $\frac{4}{12}$; $\frac{9}{25}$ [2]

a) (je 3 P.) [6]

+	$\frac{1}{4}$	$\frac{1}{6}$	$\frac{2}{7}$
$\frac{1}{3}$	$\frac{7}{12}$	$\frac{3}{6}$	$\frac{13}{21}$
$\frac{2}{5}$	$\frac{13}{20}$	$\frac{17}{30}$	$\frac{24}{35}$
$\frac{3}{8}$	$\frac{5}{8}$	$\frac{13}{24}$	$\frac{37}{56}$

–	$\frac{2}{3}$	$\frac{3}{4}$	$\frac{2}{9}$
$\frac{5}{6}$	$\frac{1}{6}$	$\frac{1}{12}$	$\frac{11}{18}$
$\frac{7}{8}$	$\frac{5}{24}$	$\frac{1}{8}$	$\frac{47}{72}$
$\frac{12}{5}$	$\frac{26}{15}$	$\frac{33}{20}$	$\frac{98}{45}$

b) $\frac{5}{6}$; $\frac{1}{4}$; $\frac{1}{20}$ [3]

$\frac{61}{70}$; $\frac{5}{24}$; $\frac{49}{60}$; $\frac{37}{84}$; $\frac{73}{75}$; $\frac{1}{90}$;

$\frac{55}{48} = 1\frac{7}{48}$; $\frac{83}{120}$; $\frac{323}{210} = 1\frac{113}{210}$ [4]

(je 0,5 P.) [6]

$1\frac{1}{4}$ | $\frac{5}{8}$ | $\frac{3}{5}$ | $\frac{1}{2}$
$\frac{5}{8}$ | $\frac{1}{8}$ | $\frac{1}{10}$
$\frac{1}{2}$ | $\frac{1}{40}$
$\frac{19}{40}$

$2\frac{1}{12}$
1 | $1\frac{1}{12}$
$\frac{7}{12}$ | $\frac{5}{12}$ | $\frac{8}{12}$
$\frac{1}{3}$ | $\frac{1}{4}$ | $\frac{1}{6}$ | $\frac{1}{2}$

a) $9\frac{11}{84}$; $1\frac{47}{75}$; $3\frac{189}{360}$; $11\frac{19}{30}$; $1\frac{3}{4}$; $1\frac{43}{48}$; $\frac{5}{27}$; $\frac{2}{15}$ (je 0,5 P.) [4]

b) $50 + 49 + \frac{38}{76} + \frac{1}{2} = 100$; $19\frac{3}{6} + 80\frac{27}{54} = 100$; $70 + 5\frac{3}{6} + 24\frac{9}{18} = 100$ [2]

13

☆ **a)** Ein Kasten enthält 9 l Mineralwasser. In einer Woche braucht man 14 l. Also: nein. [2]

b) 4; $3\frac{1}{2}$; $5\frac{1}{3}$ [3]

☆☆ linke Abbildung: $7\frac{1}{2}$; 6; 5 rechte Abbildung: $5\frac{1}{4}$; $3\frac{1}{5}$; 5 [6]

☆☆☆ 22; $43\frac{1}{3}$; $15\frac{1}{3}$; $18\frac{1}{2}$ [4]

☆☆☆☆ Pitt hat mehr. Er bekommt $1\frac{1}{4}$ l, Pia bekommt nur $\frac{4}{5}$ l. [3]

☆☆☆☆☆ Beerensträucher, Obstbäume: $\frac{7}{20}$ ha = 3 500 m²; Rosen: $\frac{7}{40}$ ha = 1 750 m² [4]

☆☆☆☆☆☆ **a)** $\frac{7}{12}$; $\frac{1}{6}$ [2]

b) linke Abbildung: $\frac{5}{8}$; $\frac{10}{21}$; $\frac{4}{7}$

rechte Abbildung: $\frac{1}{16}$; $\frac{2}{9}$; $\frac{1}{4}$ [6]

14

☆ Jedes Mädchen bekommt $\frac{3}{16}$ l Erfrischungsgetränk. [3]

☆☆ **a)** $\frac{5}{18}$; $\frac{1}{40}$ $\frac{3}{28}$; $\frac{2}{9}$ $\frac{4}{33}$; $\frac{2}{45}$ [3]

b) linke Tabelle: $\frac{2}{15}$; $\frac{2}{25}$; $\frac{2}{35}$

rechte Tabelle: $\frac{2}{9}$; $\frac{1}{9}$; $\frac{2}{27}$ [6]

☆☆☆ $\frac{3}{5}$; $\frac{4}{9}$ $\frac{3}{14}$; $\frac{3}{22}$ [4]

☆☆☆☆ **a)** Jeder darf $\frac{3}{8}$ l Eistee trinken. [2]

b) Er kann 46 Flaschen füllen. [2]

☆☆☆☆☆ linke Tabelle: $2\frac{1}{3}$; $3\frac{1}{2}$; $4\frac{2}{3}$ rechte Tabelle: $\frac{5}{6}$; $1\frac{7}{18}$; $2\frac{1}{2}$ [6]

☆☆☆☆☆☆ 8; $1\frac{17}{45}$; $\frac{4}{9}$; $\frac{15}{28}$ [4]

15

☆ Sie kann 11 Gläser füllen. Rest: $\frac{3}{40}$ l [2]

☆☆ $1\frac{1}{24}$; $\frac{5}{8}$ $\frac{13}{24}$; $\frac{3}{8}$ $1\frac{1}{8}$; $1\frac{7}{24}$ [6]

☆☆☆ **a)** $\frac{43}{98}$; $\frac{13}{54}$ $\frac{11}{27}$; $\frac{6}{7}$ [4] **b)** $\frac{21}{29}$ [2]

☆☆☆☆ linke Tabelle: $\frac{29}{192}$; $1\frac{27}{640}$ $\frac{23}{480}$; $\frac{529}{1600}$

rechte Tabelle: $4\frac{2}{5}$; $1\frac{4}{29}$ $\frac{1}{2}$; $\frac{15}{116}$ [8]

☆☆☆☆☆ $1\frac{4}{5}$; $\frac{8}{15}$; $1\frac{37}{60}$; $\frac{7}{10}$ [4]

☆☆☆☆☆☆ **a)** $\frac{17}{24}$; $\frac{3}{16}$; $2\frac{7}{8}$; $1\frac{3}{17}$ **b)** $2\frac{1}{2}$ [je 4]

16

☆ Gesamtkosten: 114 € [3]

☆☆ 141; 400; 69; 560; 12; 346; 32; 35 [4]

☆☆☆ $\boldsymbol{x + 7}$**:** 11; 19; 32 $\boldsymbol{3x - 4}$**:** 2; 41; 59 $\boldsymbol{\frac{x}{2} + 6}$**:** 10; 13; 30 [9]

☆☆☆☆ **a)** $7 \cdot 4 + (25 - 13) = 40$
b) $3 \cdot 6 - (56 : 8) = 11$
c) $(16 + 9) \cdot (18 - 11) = 175$ [3]

☆☆☆☆☆ 288; 24; 180; 200 [4]

☆☆☆☆☆☆ **a)** $21a + 3ab$; $1 - \frac{7}{a}$; $\frac{1}{2} + \frac{c}{b}$; $15x + 10xy$ [4]
b) $2 \cdot (a + 2b)$; $7x + y$; $2m + 7n$ [3]

17

5 Kreise; 7 Kreise; 7 Kreise [3]

u: Umfang *d:* Durchmesser *r:* Radius
M: Mittelpunkt *s:* Sehne *t:* Tangente [6]

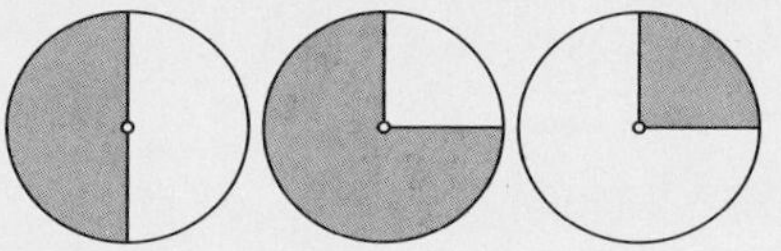

[6]

A: 2 cm; 1 cm B: 3,2 cm; 1,6 cm
C: 2 cm; 1 cm D: 3,2 cm; 1,6 cm
E: 2,1 cm; 1,05 cm [10]

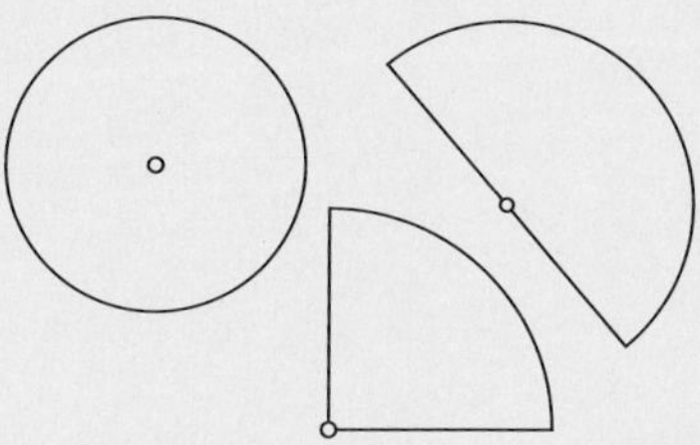

[3]

Beide kleinen Kreise sind gleich groß. [2]

18

[7]

Dreieck	spitzwinklig	stumpfwinklig	rechtwinklig	gleichschenklig	gleichseitig
A	×			×	
B	(×)		×	×	
C	×				
D	×				×
E		×			
F		×		×	
G	(×)		×		

[4]

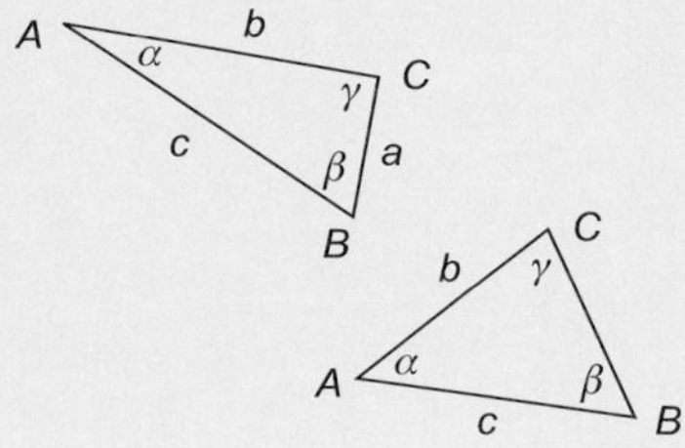

$\gamma = 48°$; $\alpha = \beta = \gamma = 60°$; $\beta = 90°$; [9]
$\gamma = 64°$; $\gamma = 125°$; $\alpha = \beta = 53°$

$\beta = 78°$; $\alpha' = 126°$; $\beta' = 102°$; $\gamma = 132°$ [4]

a) $\alpha = 70°$; $\beta = 35°$; $\gamma = 75°$
b) $\alpha = 21°$; $\gamma = 127°$ [6]

19

$d = 4{,}2$ cm

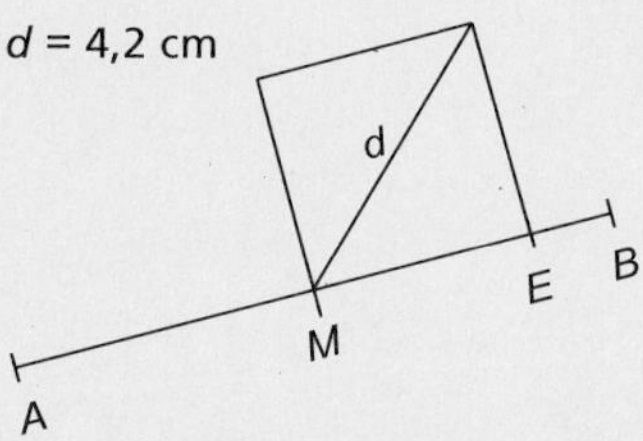

[6]

$\alpha = 45°$
$\beta = 110°$

$\alpha = 50°$

zu 2. [6]

zu 3. [5]

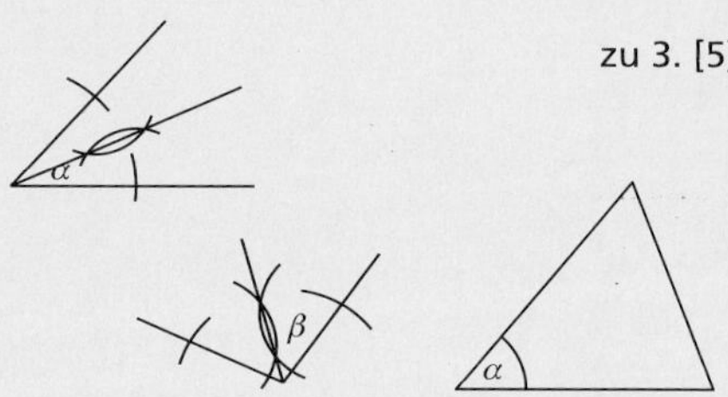

Reihenfolge: d – f – c – a – e – b
$a = 8{,}2$ cm [7]

A und J; B und I; C und E; D und L; [6]
F und G; H und K

20

Natrium: 0,0186 g; Kalium: 0,0024 g; Calcium: 0,0605 g; Magnesium: 0,0043 g [4]

[5]

H	Z	E	z	h	t	zt	ht
		7	4	0	3		
		0	5	4			
		4	1	0	8		
		0	3	0	4	0	7
		3	8	4	1		

0,14; 0,003; 0,00027; 0,106; 0,0005; 0,000104 [6]

$\frac{765}{10\,000} < 0{,}765 < 7\frac{65}{1000} <$

$7{,}65 < 76\frac{5}{10} < 765$ [3]

[4]

a) $1{,}8403 = 1\frac{8\,403}{10\,000}$; $15{,}004 = 15\frac{4}{1000}$;

$0{,}1009 = \frac{1009}{10\,000}$; $23{,}0607 = 23\frac{607}{10\,000}$

b) 2,052 km; 0,73 m; 4,7 cm [3]

21

Die Einkehr im „Goldenen Ochsen" ist billiger. [2]

a) 0,25; 1,2; 0,28; 0,66; 0,625; 0,95; 0,272; 1,228 [4]

b) $\frac{1}{4}$; $\frac{4}{5}$; $\frac{1}{125}$; $\frac{1}{20}$; $\frac{31}{200}$; $\frac{1}{40}$ [3]

$\frac{7}{100} = 0{,}07$; $\frac{11}{20} = 0{,}55$; $0{,}6 = \frac{3}{5}$;

$0{,}48 = \frac{12}{25}$; $\frac{7}{20} = 0{,}35$; $\frac{3}{125} = 0{,}024$ [3]

a) $\frac{19}{250} = 0{,}076$; $\frac{5}{8} = 0{,}625$;

$\frac{107}{200} = 0{,}535$; $\frac{3}{25} = 0{,}12$ [4]

b) $4{,}2 = \frac{21}{5}$; $2{,}4 = \frac{12}{5}$;

$0{,}133 = \frac{133}{1000}$; $0{,}6 = \frac{27}{45}$ [4]

a) 0,571; 1,273; 0,889; 0,238; 1,077; 3,333 [3]

b) $\frac{4}{9}$; $\frac{2}{11}$; $\frac{5}{99}$; $\frac{123}{999}$; $\frac{7}{99}$; $\frac{7}{33}$ [3]

a) $0{,}7 > \frac{7}{10}$; $0{,}65 = \frac{13}{20}$; $0{,}12 > \frac{11}{100}$;

$\frac{5}{8} > 0{,}62$; $\frac{1}{8} > 0{,}09$; $\frac{3}{20} = 0{,}15$ [3]

b) In Flasche B (0,75 l). [1]

[5]

gemischte Zahl	Bruchzahl	Zerlegung	Dezimalzahl
$3\frac{14}{100}$	$\frac{314}{100}$	$3 + \frac{1}{10} + \frac{4}{100}$	3,14
$1\frac{408}{1000}$	$\frac{1\,408}{1000}$	$1 + \frac{4}{10} + \frac{0}{100} + \frac{8}{1000}$	1,408
$0\frac{4}{1000}$	$\frac{4}{1000}$	$0 + \frac{0}{10} + \frac{0}{100} + \frac{4}{1000}$	0,004
$5\frac{207}{1000}$	$\frac{5\,207}{1000}$	$5 + \frac{2}{10} + \frac{0}{100} + \frac{7}{1000}$	5,207
$0\frac{8\,017}{10\,000}$	$\frac{8\,017}{10\,000}$	$\frac{8}{10} + \frac{0}{100} + \frac{1}{1000} + \frac{7}{10\,000}$	0,8017

22

1. 4 min 12,23 s 2. 4 min 12,25 s
3. 4 min 12,32 s 4. 4 min 12,48 s [2]

a) $\frac{4\,300}{10\,000}$; $\frac{700}{10\,000}$; $\frac{120}{10\,000}$; $\frac{6\,000}{10\,000}$

b) $\frac{27}{100}$; $\frac{13}{1000}$; $\frac{7}{10}$; $\frac{123}{50}$ [2]

a) 0,723 < 0,804 3,48 < 4,38
0,64 > 0,46
12,004 < 12,04 0,003 < 0,030
1,078 < 1,870 [3]

b) 1,0678 < 1,186 < 1,6078 < 1,6708 < 1,8132 [4]
54,003 > 5,43 > 5,403 > 5,4003 > 5,043 > 0,543 [5]

a) z. B.: 0,6; 0,725; 0,735; 0,810; 0,85 [5]

b) z. B.: 0,76; 0,77; 0,78; 0,80 [3]
0,1061; 0,1062; 0,1064; 0,1066 [3]
0,61; 0,62; 0,623; 0,624 [3]

0,03 – 0,03 – 0,05
1,305 – 1,306 – 1,307
0,233 – 0,234 – 0,235
0,006 – 0,007 – 0,008 [4]

23

Das Päckchen wiegt insgesamt 1,971 kg. Bis 2 kg fehlen noch 0,029 kg. [2]

52,9093; 28,4837; 32,49116; 55,075 [4]

4,4444; 0,2222; 0,70707; 1,111 [4]

a) 3,867; 6,6159; 14,551; 0,3955; 15,4497; 9,936; 31,1446; 7,0992 [4]

b) 1,391; 4,0183; 0,6172; 1,74916 [4]

a) 1,74; 0,38; 0,749; 1,66
b) 0,95; 0,125; 0,256; 3,15 [4]

c) 0,27; 0,97; 2,23; 0,35
d) 7,51; 0,396; 0,79; 4,39 [4]

e) 3,7; 1,66; 0,0035; 5,7
f) 1,42; 3,32; 30,4; 3,032 [4]

24

Fläche (Wände und Decke): 53,48 m^2. [5]
Es sind 2 Eimer Farbe nötig.

0,6: 6; 600; 60; 6 000
0,037: 0,37, 37; 3,7; 370
7,04: 70,4, 7 040; 704; 70 400
0,0041: 0,041; 4,1; 0,41; 41
0,02: 0,2; 20; 2; 200
0,75: 7,5; 750; 75; 7 500 [6]

27; 0,135; 0,042; 0,09; 3,2; 0,45 [6]

0,7: 0,28; 0,021; 1,75; 0,091
1,2: 0,48; 0,036; 3; 0,156
0,06: 0,024; 0,0018; 0,15; 0,0078
9: 3,6; 0,27; 22,5; 1,17 [4]

Fläche: 36,29 m^2
Anzahl der Fliesen: mindestens 146 [4]

Das Aquarium fasst 49,184 l Wasser.
Es reicht für 9–10 Fische. [5]

25

39 Flaschen zu 1 l; 48 Flaschen zu 0,75 l; 148 Flaschen zu 0,7 l
Insgesamt: 235 Flaschen [4]

1,2; 0,4; 0,6 0,18; 0,06; 0,09
0,24; 0,06; 0,12

2; 1; 40 12; 6; 240 1,4; 0,7; 28 [9]

a) 1 875 **b)** Die Zahl heißt 8. [2]

a) 1,387; 12,07; 4,883; 5,343; 0,7604; 3,451 [3]

b) 6; 0,6; 0,06; 0,006
0,08; 0,8; 0,0008; 0,008
0,07175; 0,007175; 0,7175; 7,175 [2]

12,3: 1,23; 0,0123; 0,123; 0,00123
0,6: 0,06; 0,0006; 0,006; 0,00006
243,05: 24,305; 0,24305; 2,4305; 0,024305
1,7: 0,17; 0,0017; 0,017; 0,00017 [4]

1,5732; 159,6588; 0,0627; 4,26; 0,047; 1,408 [6]

26

Jeder zahlt 16,25 €. [4]

[6]

4,35	2,45	1,37	1,01
1,9	1,08	0,36	
0,82	0,72		
0,1			

6,73			
3,63	3,1		
1,63	2,0	1,1	
0,03	1,6	0,4	0,7

0,068; 0,4; 40; 0,05; 3,95; 2,3 [6]

26,494; 15,5323; 0,021553; 56,4 [4]

0,17523; 0,15741; 0,67452; 0,34188; 3,191; 2,969 [6]

Gesamtgewicht: 7,142 t
mögliche Zuladung: 0,358 t [4]

27

Prisma: B, C, F, I, K, E; Quader: B, C;
Pyramide: A, D;
andere Formen: G, H, J [12]

[8]

Anzahl der	A	B	C	D
Seiten	6	5	6	7
Kanten	12	8	12	12
Ecken	8	5	8	7

A und 4; B und 1; C und 2; D und 3 [4]

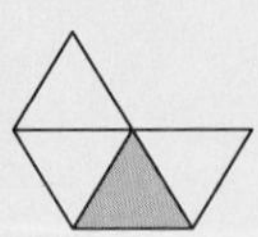
1

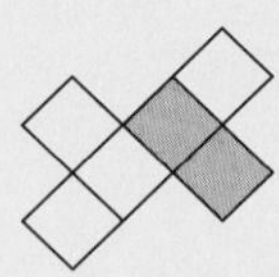
2

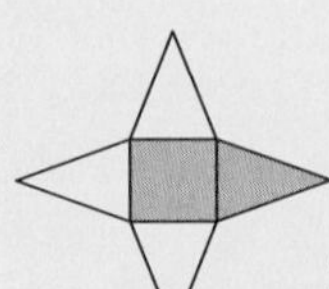
3

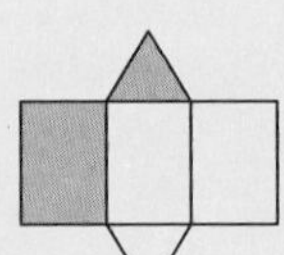
4

[6]

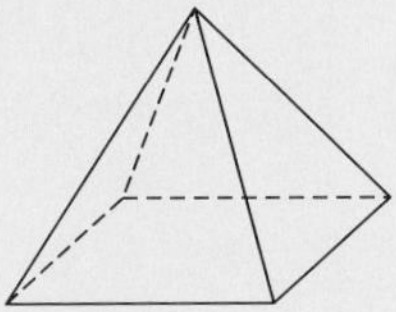

quadratische Pyramide

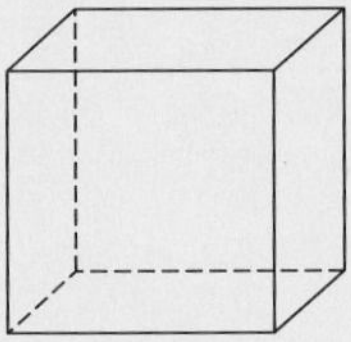

Quader

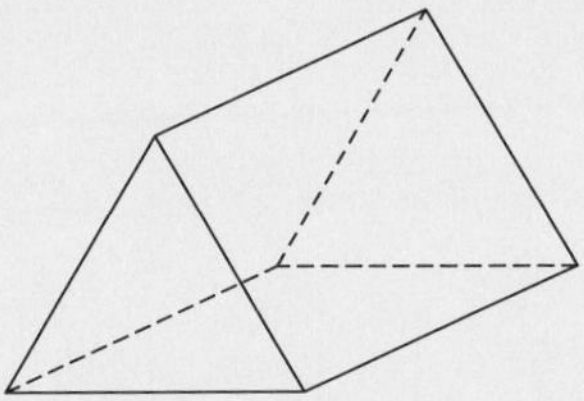

dreiseitiges Prisma

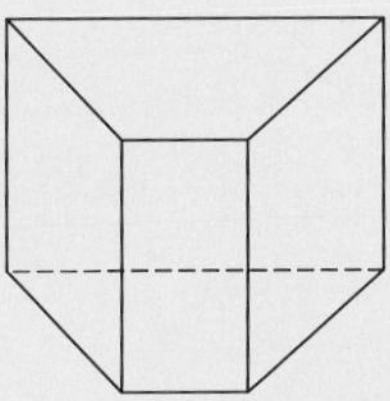

vierseitiges Prisma

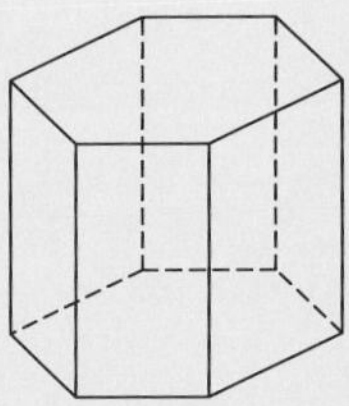

sechsseitiges Prisma

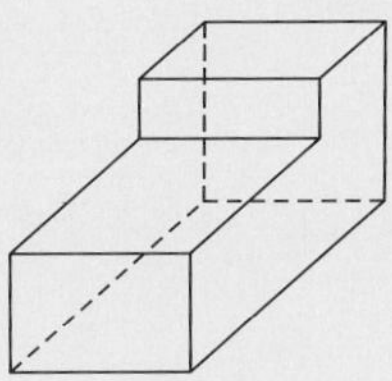

sechsseitiges Prisma

28

Zu Grundriss 1: A, C und E.
Zu Grundriss 2: B, D und F. [6]

a und 3; b und 4; c und 2; d und 1 [4]

Volumen der Mauer: 0,966 m^2
Volumen eines Ziegelsteins: 0,001771 m^2
Es werden ca. 545 Ziegelsteine benötigt. [8]

$V = 729\ cm^3$ $O = 567\ cm^2$
$V = 155{,}52\ cm^3$ $O = 195{,}84\ cm^2$
$V = 135\ cm^3$ $O = 230{,}4\ cm^2$ [4] [4] [4]

29

a) Die Ferienwohnung kostet für 18 Tage 797,14 €. [5]

b) Stundenlohn: 11,20 € [3]

c) 46 Liter Benzin kosten 47,05 € [5]

[4]

Personenzahl	Eintrittspreis in €
1	3,50
4	14
12	42
32	112
104	364

Mit einem Rohr dauert das Füllen 84 min = 1 h 24 min. [2]

[3]

Anzahl der Gewinner	Gewinn pro Peson in €
1	4 800
3	1 600
16	300
24	200

a) Für 14 Pferde reicht der Hafervorrat 12 Tage. [5]

b) Der Bus braucht im Normalfall immer nur 30 min. Die Zahl der Personen, die mitfährt, spielt natürlich keine Rolle. [2]

Liebe Schülerin, lieber Schüler,

trage auf dieser Seite alle deine erreichten Punktzahlen ein. Ist die letzte Seite bearbeitet, kannst du sofort erkennen, welche Themen du gut bewältigt hast und welche Themen dir noch Schwierigkeiten bereiten.

Nummer der Doppelseite	Punkte

Nummer der Doppelseite	Punkte

a) Sechs Wanderer haben drei $\frac{3}{4}$-l-Flaschen mit Eistee eingepackt. Bei der Mittagsrast wird alles redlich geteilt.

Jeder darf ________ l Eistee trinken.

b) Obstbauer Saftig hat in der Mosterei für eine Partie Äpfel $34\frac{1}{2}$ l Apfelmost bekommen. Zu Hause füllt er den Most aus dem Fass in $\frac{3}{4}$-l-Flaschen um.

Er kann _________ Flaschen füllen.

Teile jeweils durch den angegebenen Bruch.

	$:\frac{1}{4}$	$:\frac{1}{6}$	$:\frac{1}{8}$
$\frac{7}{12}$			

	$:\frac{1}{3}$	$:\frac{1}{5}$	$:\frac{1}{9}$
$\frac{5}{18}$			

Zuerst in Brüche umwandeln und dann rechnen.

$2\frac{2}{5} : \frac{3}{10} =$ ____________ = ______

$2\frac{1}{4} : 1\frac{2}{5} =$ ____________ = ______

$\frac{14}{15} : 2\frac{1}{10} =$ ____________ = ______

$1\frac{9}{16} : 2\frac{11}{12} =$ ____________ = ______

15 Alles durcheinander

Das Datum von heute ____________________

Für Tanjas Geburtstagsparty hat Frau Mischke einen Begrüßungs- und Erfrischungstrunk zubereitet. Sie hat zwei Flaschen Mineralwasser (je $\frac{3}{4}$ l) mit $\frac{2}{5}$ l Orangensaft gemischt. Sie gießt die Mischung in bunte Saftgläser. Ein Saftglas fasst $\frac{2}{10}$ l.

Sie kann __________ Gläser füllen. Den Rest von _______ l trinkt sie selbst.

Berechne!

$a = \frac{5}{6}$ $\quad b = \frac{1}{4}$ $\quad c = \frac{3}{8}$ $\quad d = \frac{1}{3}$

$a + b - c + d =$ ______________ $\qquad a - b + (c - d) =$ ______________

$a - b - c + d =$ ______________ $\qquad (a + b) - c - d =$ ______________

$a + b + c - d =$ ______________ $\qquad (a - b) + c + d =$ ______________

a) $\frac{3}{7} \cdot (\frac{4}{21} + \frac{5}{6}) =$ ______________ $\qquad (\frac{11}{16} - \frac{5}{12}) \cdot \frac{8}{9} =$ ______________

$(\frac{7}{18} - \frac{1}{12}) : \frac{3}{4} =$ ______________ $\qquad \frac{3}{14} : (\frac{1}{21} + \frac{3}{28}) =$ ______________

b) Dividiere die Differenz aus $1\frac{1}{4}$ und $\frac{1}{5}$ durch die Summe der beiden Zahlen. Schreibe zuerst die passende Gleichung dazu auf.

____

Schreibe die passende Aufgabe. Rechne und trage das Ergebnis in die Tabelle ein.

$\cdot$	$(\frac{7}{8} - \frac{3}{4})$	$(\frac{9}{16} + \frac{3}{10})$
$(\frac{5}{6} + \frac{3}{8})$		
$(\frac{7}{12} - \frac{1}{5})$		

$:$	$(\frac{3}{4} - \frac{2}{3})$	$(\frac{1}{18} + \frac{4}{15})$
$(\frac{1}{6} + \frac{1}{5})$		
$(\frac{1}{8} - \frac{1}{12})$		

$\frac{1}{2} + \frac{1}{3} : \frac{1}{4} - \frac{1}{5} \cdot \frac{1}{6}$ = ______________

$\frac{1}{2} + \frac{1}{3} - \frac{1}{4} \cdot \frac{1}{5} : \frac{1}{6}$ = ______________

$\frac{1}{2} - \frac{1}{3} \cdot \frac{1}{4} + \frac{1}{5} : \frac{1}{6}$ = ______________

$\frac{1}{2} \cdot \frac{1}{3} : \frac{1}{4} + \frac{1}{5} - \frac{1}{6}$ = ______________

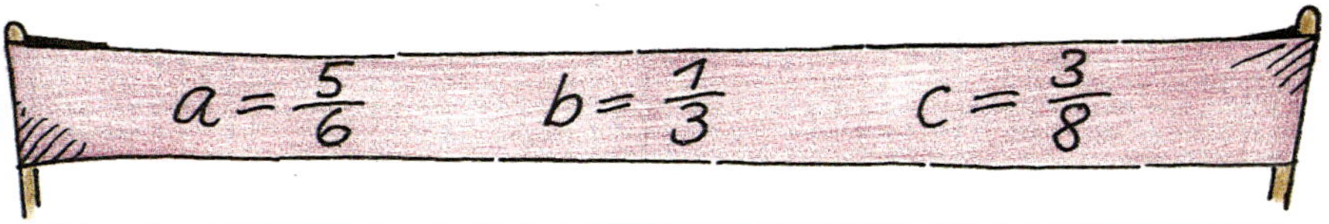

a)

$a - b \cdot c =$
$(a - b) \cdot c =$
$a : b + c =$
$a : (b + c) =$

b) Multipliziere die Summe aus $\frac{7}{20}$ und $\frac{7}{30}$ mit $4\frac{2}{7}$.
Schreibe zuerst die Gleichung. Rechne dann.

____

16 In vielen Formen

Das Datum von heute

____

Der Fernseher von Herrn Glotzner hatte kein Bild und keinen Ton. Die Werkstatt konnte helfen. Für die Reparatur berechnet sie 3 Arbeitsstunden zu je 24,– €. Zusätzlich muss Herr Glotzner noch 42,– € für die Ersatzteile bezahlen. Bilde aus den Angaben einen Term. Berechne dann die Gesamtkosten.

______________________________ = ____________

Berechne die folgenden Terme!

$8 \cdot 13 + 37 =$ __________

$8 \cdot (13 + 37) =$ __________

$179 - (37 + 73) =$ __________

$7 \cdot (46 + 34) =$ __________

$108 : (58 - 49) =$ __________

$223 + (67 + 56) =$ __________

$7 \cdot (3 + 8) - 9 \cdot (8 - 3) =$ __________

$(56 + 34) - (23 + 32) =$ __________

Setze für den Platzhalter die aufgeführten Zahlen ein. Berechne dann jeweils den Term.

x	$x + 7$
4	
12	
25	

x	$3x - 4$
2	
15	
21	

x	$\frac{x}{2} + 6$
8	
14	
48	

Schreibe jedesmal einen passenden Term auf. Berechne ihn dann.

a) Addiere zum Produkt aus 7 und 4 die Differenz zwischen 25 und 13.

________________ = ____________

b) Subtrahiere den Quotienten aus 56 und 8 von dem Produkt aus 3 und 6.

________________ = ____________

c) Multipliziere die Summe aus 16 und 9 mit der Differenz zwischen 18 und 11.

________________ = ____________

Schreibe den Term erst so, dass du leichter rechnen kannst.

$8 \cdot 36 =$ ____________ = ______

$168 : 7 =$ ____________ = ______

$6 \cdot 12 + 6 \cdot 18 =$ ____________ = ______

$4 \cdot 67 - 17 \cdot 4 =$ ____________ = ______

a) Schreibe den Term in anderer Form auf.

$3a \cdot (7 + b) =$ __________

$(a - 7) : a =$ __________

$(b + 2c) : 2b =$ __________

$5x \cdot (3 + 2y) =$ __________

b) Fasse so zusammen, dass möglichst kurze Terme entstehen.

$6a + 1b - 4a + 3b =$ ____________

$12x + 3y - 5x - 2y =$ ____________

$(2m + 3n) - m + (m + 4n) =$ ____________

17 Alles ist rund

Das Datum von heute

____

Wie viele Kreise sind jeweils gezeichnet?

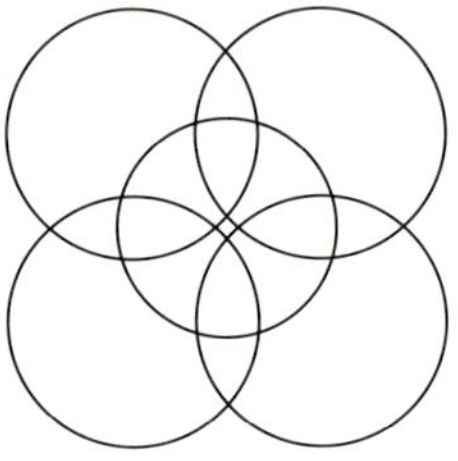

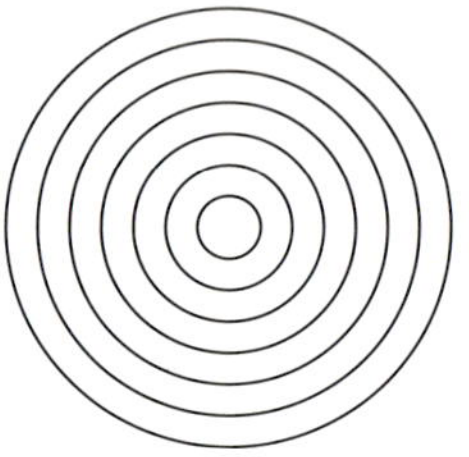

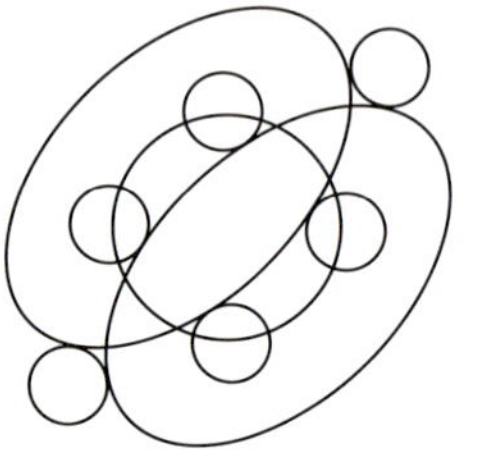

__________ Kreise __________ Kreise __________ Kreise

Wie heißen die bezeichneten Teile des Kreises?

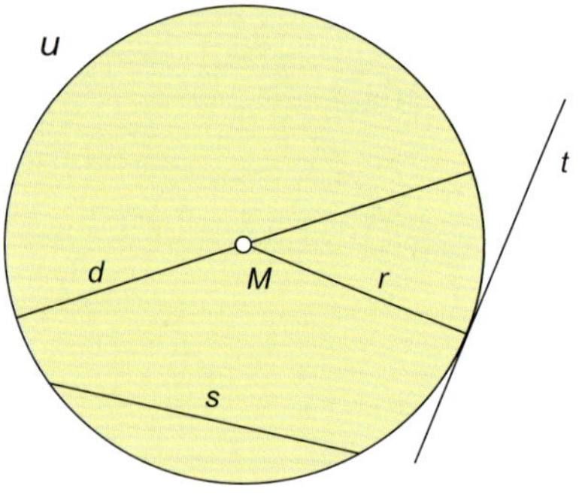

u: _______________

d: _______________

r: _______________

M: _______________

s: _______________

t: _______________

Hier siehst du drei Kreise. Zeichne den angegebenen Kreisteil ein.
Färbe ihn dann ein oder schraffiere ihn.

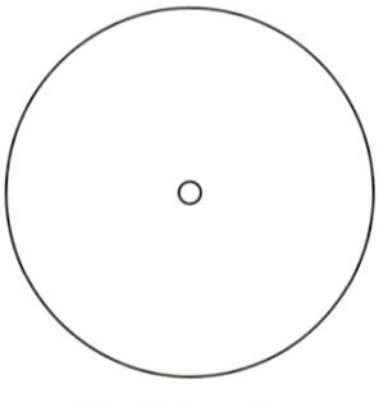

Halbkreis

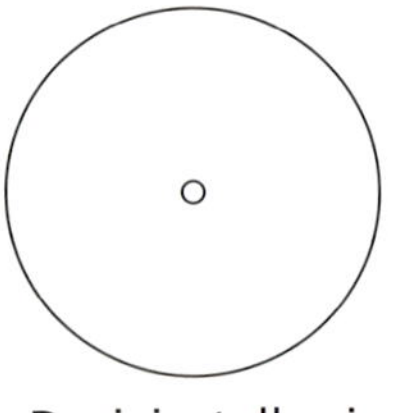

Dreiviertelkreis

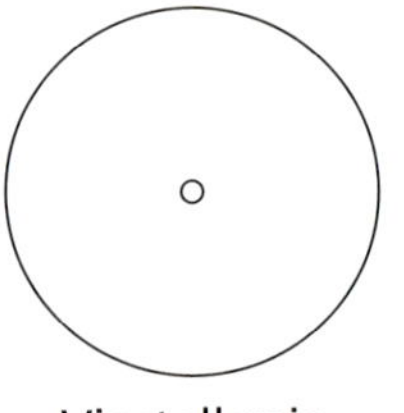

Viertelkreis

Wie groß sind Durchmesser und Radius der Kreise oder Kreisteile?
Miss genau und fülle die Tabelle aus.

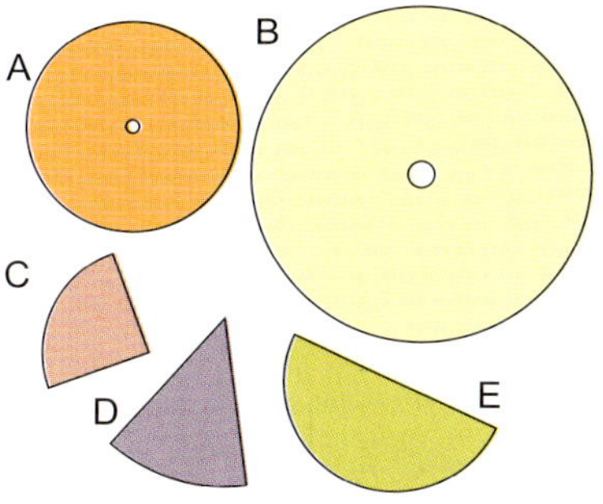

	Durchmesser	Radius
A		
B		
C		
D		
E		

Zeichne mit Zirkel und Lineal.

a) einen Kreis mit $r = 1$ cm

b) einen Halbkreis mit $d = 2,5$ cm

c) einen Viertelkreis mit $r = 1,5$ cm

Hier kannst du zeichnen:

Welcher der beiden kleinen inneren Kreise ist größer: **a)** oder **b)**?

a)

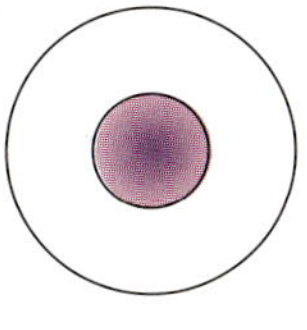

b)

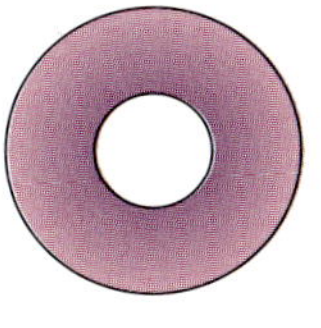

Antwort:

____

____

18 Das hat drei Ecken

Das Datum von heute ______________

Prüfe Seiten und Winkel der Dreiecke. Miss genau!
Kreuze dann in der Tabelle an.

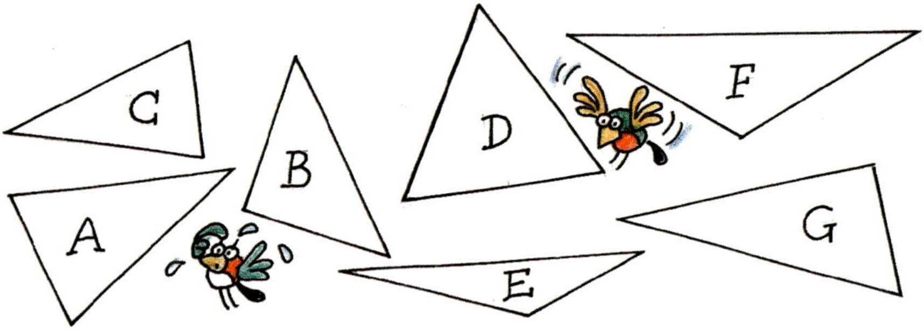

Dreieck	spitz-winklig	stumpf-winklig	recht-winklig	gleich-schenklig	gleich-seitig
A					
B					
C					
D					
E					
F					
G					

Benenne bei den beiden Dreiecken Seiten, Winkel und Ecken.

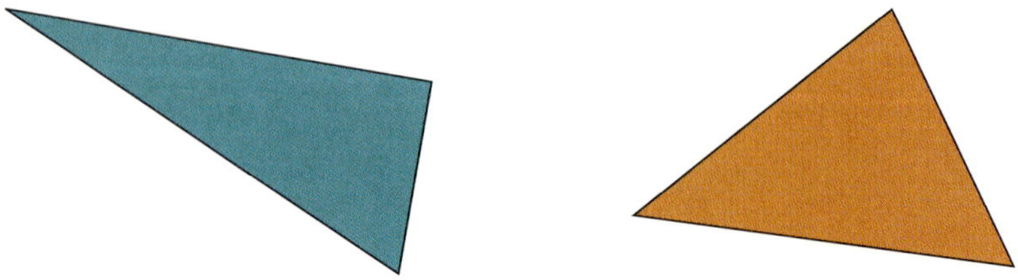

Wie groß sind jeweils die fehlenden Winkel?
Trage in die Tabelle ein.

		α	β	γ
spitzwinkliges Dreieck	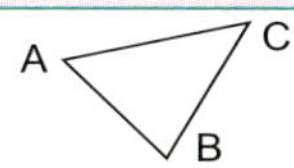	57°	75°	
gleichseitiges Dreieck	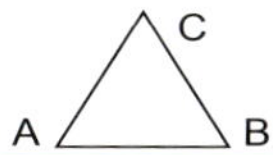			
rechtwinkliges Dreieck	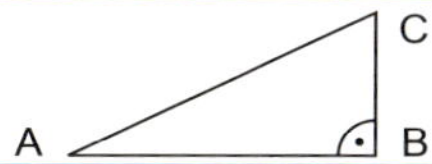	26°		
stumpfwinkliges Dreieck	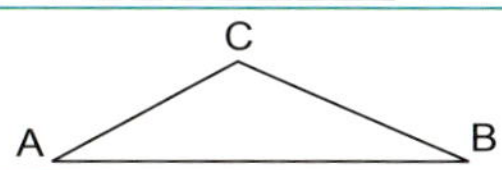	30°	25°	
gleichschenkliges Dreieck	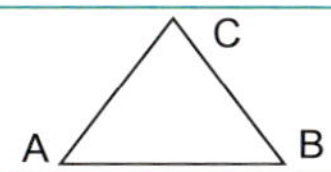			74°

Im Dreieck *ABD* wurden die Winkel α und β gemessen:
$\alpha = 54°$; $\beta = 48°$.
Berechne den Winkel β und alle Außenwinkel.

β = ________ α' = ________ β' = ________ γ' = ________

a) Winkel β' ist 145° groß. Wie groß sind Winkel α und γ? Wie groß ist β?
b) Winkel β ist 32° groß. Wie groß sind Winkel α und γ?

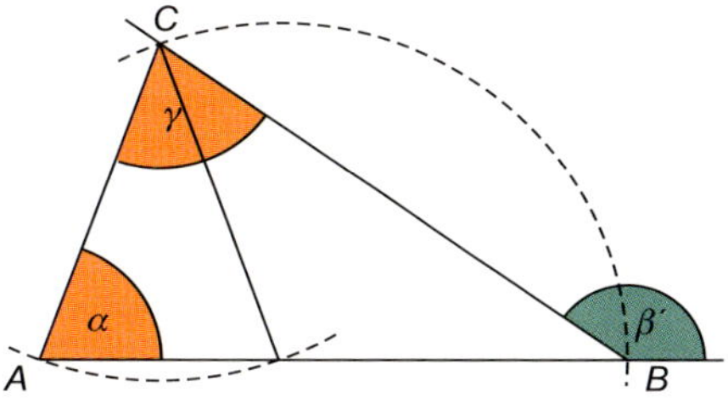

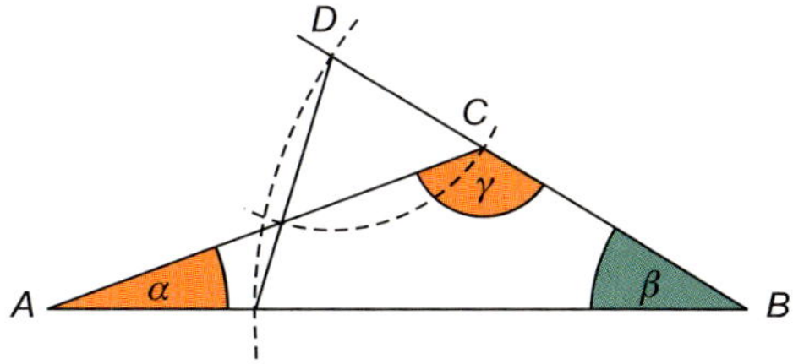

α = ________; β = ________; γ = ________

α = ________; γ = ________

19 Mit Zirkel und Lineal

Das Datum von heute

____

Handwerker bestimmen senkrechte Linien mit Lot und Wasserwaage. Dir hilft das Geodreieck. Du kannst aber auch eine Senkrechte nur mit Zirkel und Lineal zeichnen.

Zeichne nur mit Zirkel und Lineal. Errichte zuerst eine Senkrechte zur Strecke $\overline{AB}$ im Punkt E. Halbiere dann die Strecke $\overline{AB}$. Der Schnittpunkt mit der Mittelsenkrechten soll M heißen. Zeichne über dem Streckenabschnitt EM ein Quadrat. Trage die Diagonale ein.
Wie lang ist die Diagonale d?

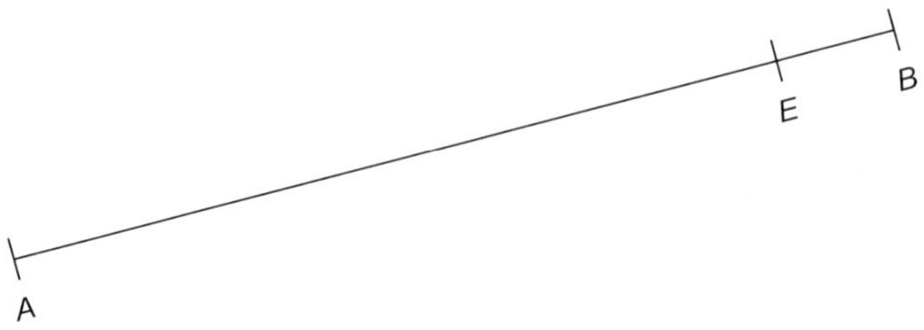

d = ______ cm

Du kannst mit dem Zirkel und Lineal auch Winkel halbieren. Miss die Winkel, halbiere sie, miss die Teilwinkel.

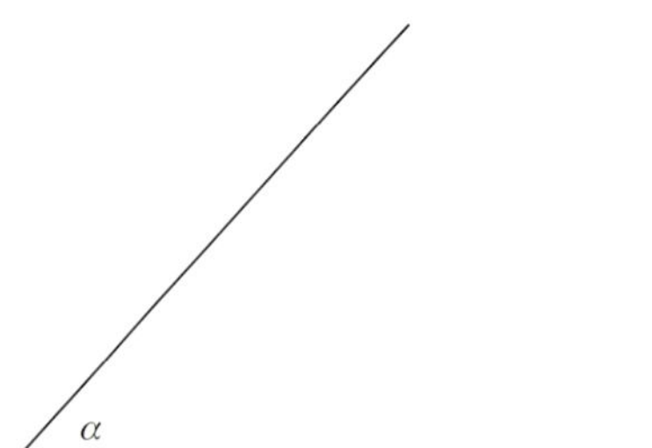

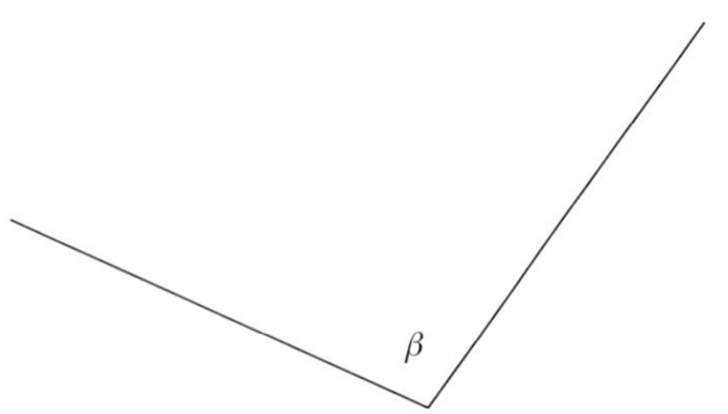

Konstruiere mit Zirkel und Lineal ein Dreieck aus a = 4,5 cm; b = 5,5 cm und c = 5,2 cm.

Miss den Winkel α. α = ______

Martin soll aus b = 4,8 cm, c = 5,4 cm und dem Winkel β = 35° ein Dreieck zeichnen. Er hat sich einen Plan gemacht und die einzelnen Schritte aufgeschrieben.

a) Ich zeichne einen Kreis um A mit dem Radius b = 4,8 cm.
b) Ich verbinde die Punkte A und C.
c) Ich trage bei Punkt B an die Strecke c den Winkel β = 35° an.
d) Ich zeichne die Strecke c = 5,4 cm.
e) Ich markiere den Punkt C.
f) Ich markiere die Punkte A und B.

Als Martin zeichnen will, merkt er, dass die Reihenfolge nicht stimmt. Hilf ihm: Schreibe die richtige Reihenfolge der Sätze auf. Zeichne dann das Dreieck. Wie groß ist die Seite a?

Reihenfolge: _____, _____, _____, _____, _____, _____ a = ______ cm

Welche Figuren sind kongruent?

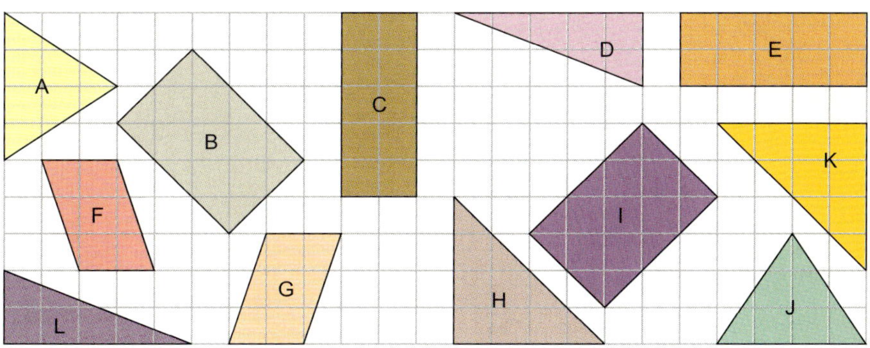

____

20 Etwas Besonderes

Das Datum von heute ____________

Mineralstoffe sind wichtig für unsere Ernährung. 1 Liter Mineralwasser der Marke NATURA enthält die folgenden Mineralien. Schreibe die angegebenen Mengen als Dezimalzahl.

Natrium: $\frac{186}{10\,000}$ g = ________ g; Kalium: $\frac{24}{10\,000}$ g = ________ g

Calcium: $\frac{605}{10\,000}$ g = ________ g; Magnesium: $\frac{43}{10\,000}$ g = ________ g

Trage die folgenden Zahlen in die Stellentafel ein.

7,403; $\frac{54}{100}$; $4\frac{108}{1000}$; 0,30407; $\frac{3\,841}{1000}$

H	Z	E	z	h	t	zt	ht

Schreibe jeden Bruch als Dezimalzahl.

$\frac{14}{100}$ = ________ $\frac{3}{1000}$ = ________ $\frac{27}{100\,000}$ = ________

$\frac{106}{1000}$ = ________ $\frac{5}{10\,000}$ = ________ $\frac{104}{1\,000\,000}$ = ________

Ordne nach der Größe. Beginne mit der kleinsten Zahl.

$7{,}65$; $76\frac{5}{10}$; $\frac{765}{10000}$; $0{,}765$; 765, $7\frac{65}{1000}$

____

a) Schreibe die Zahlen in der Stellentafel als Dezimalzahl und als gemischte Zahl.

Z	E	z	h	t	zt	
	1	8	4	0	3	________ = ________
1	5	0	0	4		________ = ________
	0	1	0	0	9	________ = ________
2	3	0	6	0	7	________ = ________

b) Schreibe die Größen als Dezimalzahlen.

$2\frac{52}{1000}$ km = ______ $\frac{73}{100}$ m = ______ $4\frac{7}{10}$ cm = ______

Fülle die Tabelle aus. Schreibe in unterschiedlicher Schreibweise.

gemischte Zahl	Bruchzahl	Zerlegung	Dezimalzahl
	$\frac{314}{100}$		
$1\frac{408}{1000}$			
		$0 + \frac{0}{10} + \frac{0}{100} + \frac{4}{1000}$	
			5,207
	$\frac{8017}{10000}$		

21 So oder so!

Das Datum von heute

____

Im „Krug zum grünen Kranz“ wird der Apfelsaft in Gläsern zu 0,2 l ausgeschenkt. Der Wirt vom „Goldenen Ochsen“ bietet den Apfelsaft in Gläsern zu $\frac{1}{4}$ l an. In beiden Gasthöfen kostet ein Glas Apfelsaft 1,80 €. Wo würdest du ein Glas Apfelsaft trinken?

____

a) Wandle den Bruch in eine Dezimalzahl um.

$\frac{1}{4}$ = ______ $\frac{6}{5}$ = ______ $\frac{7}{25}$ = ______ $\frac{33}{50}$ = ______

$\frac{5}{8}$ = ______ $\frac{19}{20}$ = ______ $\frac{34}{125}$ = ______ $\frac{307}{250}$ = ______

b) Wandle in eine Bruchzahl um. Kürze so weit wie möglich.

0,25 = ______ 0,8 = ______ 0,008 = ______

0,05 = ______ 0,155 = ______ 0,025 = ______

Eine Bruchzahl und eine Dezimalzahl sind gleich. Schreibe Gleichungen.

______ = ______ ______ = ______ ______ = ______

______ = ______ ______ = ______ ______ = ______

Verbinde gleiche Zahlen. Eine Zahl bleibt immer übrig.

a) **b)**

a) Forme durch Dividieren in eine Dezimalzahl um.
Runde auf drei Stellen nach dem Komma.

$\frac{4}{7}$ = ________ $\frac{14}{11}$ = ________ $\frac{8}{9}$ = ________

$\frac{5}{21}$ = ________ $\frac{14}{13}$ = ________ $\frac{10}{3}$ = ________

b) Verwandle Dezimalzahlen in Bruchzahlen.

$0,\overline{4}$ = ________ $0,\overline{18}$ = ________ $0,0\overline{5}$ = ________

$0,\overline{123}$ = ________ $0,0\overline{7}$ = ________ $0,\overline{21}$ = ________

a) Setze =, < oder > zwischen die Zahlen.

$0,\overline{7}$ ☐ $\frac{7}{10}$ 0,65 ☐ $\frac{13}{20}$ $0,\overline{12}$ ☐ $\frac{11}{100}$

$\frac{5}{8}$ ☐ 0,62 $\frac{1}{8}$ ☐ $0,0\overline{9}$ $\frac{3}{20}$ ☐ 0,15

b) In welche Flasche passt mehr?

In Flasche ________.

22 Größer oder kleiner?

Das Datum von heute ______

Bei der Bezirksmeisterschaft der Schwimmvereine werden im 400-m-Freistil die folgenden Ergebnisse erzielt:

SV Forelle Waldheim	4 min 12,23 sec
SC Wasserfreunde Unterdorf	4 min 12,48 sec
SC Nasshausen	4 min 12,32 sec
SuS Flossenberg	4 min 12,25 sec

Wer ist Sieger, wer Zweiter und Dritter? Gib die Zeiten in der richtigen Rangfolge an.

1. ______ 2. ______ 3. ______ 4. ______

a) Erweitere auf Zehntausendstel!

0,43 = ______ 0,07 = ______

0,012 = ______ 0,60 = ______

b) Kürze so weit wie möglich. Schreibe dann als Bruch.

0,27000 = ______ = ______ 0,0130 = ______ = ______

0,7000 = ______ = ______ 1,4600 = ______ = ______

a) Vergleiche die Dezimalzahlen. Setze < oder > ein.

0,723 □ 0,804   3,48 □ 4,38   0,64 □ 0,46

12,004 □ 12,04   0,003 □ 0,030   1,078 □ 1,870

b) Ordne nach der Größe. Benutze < oder >.

1,6078; 1,8143; 1,186; 1,6708; 1,0678

____

0,543; 5,43; 5,043; 5,403; 54,003; 5,4003

____

a) Schreibe immer eine dazwischen passende Zahl auf.

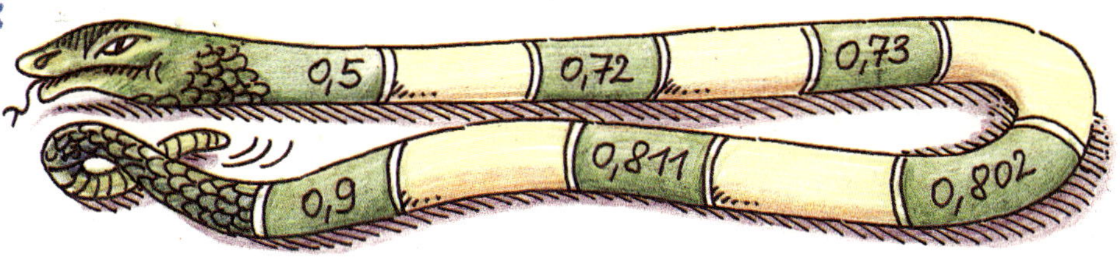

b) Welche vier Zahlen passen dazwischen?

0,75	______	______	______	______	0,83
0,106	______	______	______	______	0,107
0,6	______	______	______	______	0,64

Schreibe vor die angegebene Zahl eine kleinere, dahinter eine größere.

	0,04	
	1,306	
	0,234	
	0,007	

23 Plus und minus

Das Datum von heute ______________

Martin ist in diesem Jahr an seinem Geburtstag im Sommerferienlager seines Sportvereins.
Frau Bohlmann, seine Mutter, schickt ihm ein Geburtstagspäckchen mit einem Sommerpullover, 2 Taschenbüchern, 2 Tafeln Schokolade (je 100 g), einer Tüte Bonbons und einem Paket Vanillewaffeln, die Martin so gern mag. Auf der Post erfährt sie: Das Päckchen darf höchstens 2 kg wiegen. Für die Verpackung rechnet sie etwa 0,090 kg.

Das Päckchen wiegt insgesamt ______________ kg.

Bis 2 kg fehlen noch __________ kg.

Rechne in deinem Heft. Trage das Ergebnis hier ein.

4,08 + 31,421 + 7,0083 + 10,4 = ________

0,306 + 8,0037 + 16,1340 + 4,04 = ________

17,8 + 4,004 + 0,70016 + 9,987 = ________

14 + 7,17 + 4,005 + 26 + 3,9 = ________

0,3214 + 4,123 = __________

0,0498 + 0,1724 = __________

0,23456 + 0,47251 = __________

0,766 + 0,345 = __________

a) Rechne in deinem Heft.

6,753 – 2,886 = ______________ 7 – 0,3841 = ______________

27,004 – 12,453 = ______________ 2 – 1,6045 = ______________

40,01 – 24,5603 = ______________ 10 – 0,064 = ______________

34 – 2,8554 = ______________ 15 – 7,9008 = ______________

b) Rechne auch hier in deinem Heft.

$\frac{3}{4} + 0,641 =$ __________ $1,6183 + 2\frac{2}{5} =$ __________

$\frac{5}{8} - 0,0078 =$ __________ $5\frac{7}{20} - 3,60084 =$ __________

Ergänze!

a)

+ 0,34	
1,4	
	0,72
0,409	
	2

b)

$+\frac{1}{4}$	
0,7	
	0,375
0,006	
	3,4

c)

+ 0,07	
$\frac{1}{5}$	
	1,04
2,16	
	$\frac{42}{100}$

d)

– 0,29	
7,8	
	0,106
1,08	
	4,1

e)

$-\frac{3}{5}$	
4,3	
	1,06
0,6035	
	5,1

f)

– 1,6	
3,02	
	1,72
32,0	
	1,432

24 Zigmal und mehr

Das Datum von heute

____

Herr Selbmacher richtet sich im Keller einen Raum für seine Heimwerkstatt ein. Decke und Wände will er weiß anstreichen. Ein Eimer Wandfarbe (10 l) reicht für 40 – 50 m^2. Herr Selbmacher misst den Raum aus: Er ist 4,76 m lang, 3,48 m breit und 2,24 m hoch. Nun rechnet er.
Wie viel Eimer Wandfarbe muss Herr Selbmacher mindestens kaufen?

Fläche: ________________ m^2. Er benötigt ___________ Eimer Farbe.

Ergänze die Tabelle.

	· 10	· 1 000	· 100	· 10 000
0,6				
0,037				
7,04				
0,0041				
0,02				
0,75				

Wandle vor dem Rechnen in die günstigste Form um.

$\frac{3}{5} \cdot 45 =$ _________ $0{,}18 \cdot \frac{3}{4} =$ _________

$\frac{7}{8} \cdot 0{,}048 =$ _________ $0{,}6 \cdot \frac{3}{20} =$ _________

$\frac{1}{2} \cdot 6{,}4 =$ _________ $0{,}36 \cdot \frac{5}{4} =$ _________

Rechne im Kopf!

	· 0,4	· 0,03	· 2,5	· 0,13
0,7				
1,2				
0,06				
9				

Das rechteckige Wohnzimmer der Familie Selbmacher ist 7,06 m lang und 5,14 m breit. Es soll mit Teppichfliesen ausgelegt werden. Auf einen Quadratmeter kommen 4 Teppichfliesen.
Welche Fläche hat das Wohnzimmer?
Wie viele Teppichfliesen werden mindestens benötigt?

Das Wohnzimmer hat eine Fläche von __________.

Es werden mindestens __________ Fliesen benötigt.

Christina hat ein Aquarium zum Geburtstag bekommen. Es ist 0,53 m lang und 0,29 m breit. Die Höhe beträgt 0,34 m. Christina will es bis 2 cm unter dem oberen Rand mit Wasser füllen. Sie möchte etwa 10 Fische hineinsetzen. Für einen Fisch rechnet man etwa 5 l Wasser.

Das Aquarium fasst _______ l Wasser. Es reicht für __________ Fische.

25 Durch und durch

Das Datum von heute ____________

Bauer Lehmkuhl hat den größten Teil seiner Apfelernte in die Mosterei gebracht. Dort werden aus den Äpfeln 178,6 l Apfelsaft gepresst. Für 39 l stehen 1-l-Flaschen zur Verfügung, 36 l werden in 0,75-l-Flaschen abgefüllt. Der Rest kommt in 0,7-l-Flaschen. Wie viel Flaschen Apfelsaft kann Bauer Lehmkuhl insgesamt aus der Mosterei abholen?

1-l-Flaschen: ____________ Stück 0,75-l-Flaschen: ____________ Stück

0,7-l-Flaschen: ____________ Stück Insgesamt: ____________ Flaschen.

Rechne im Kopf!

:	3	9	6
3,6			
0,54			
0,72			

:	0,4	0,8	0,02
0,8			
4,8			
0,56			

a) Dividiere das Produkt aus 0,75 und 7,5 durch 0,003. Mache vorher eine Überschlagsrechnung.

Überschlag: ________________________

Genaues Ergebnis: ________________________

b) Hans sagt: Ich denke mir eine Zahl. Wenn ich meine Zahl mit 0,25 multipliziere, erhalte ich 2.

Wie heißt seine Zahl? ____________

a) Rechne in deinem Heft.

8,322 : 6 = ________ 96,56 : 8 = ________ 34,181 : 7 = ________

64,116 : 12 = ________ 11,406 : 15 = ________ 131,138 : 38 = ________

b) Rechne immer nur die erste Aufgabe. Überlege dann, wie die Lösung der anderen Aufgaben aussehen muss.

72 : 12 = ________ 1,44 : 18 = ________ 3,444 : 48 = ________

7,2 : 12 = ________ 14,4 : 18 = ________ 0,3444 : 48 = ________

0,72 : 12 = ________ 0,0144 : 18 = ________ 34,44 : 48 = ________

0,072 : 12 = ________ 0,144 : 18 = ________ 344,4 : 48 = ________

Ergänze!

	: 10	: 1 000	: 100	: 10 000
12,3				
0,6				
243,05				
1,7				

Rechne in deinem Heft.

3,42 · 0,46 = ________

19,007 · 8,4 = ________

0,825 · 0,076 = ________

2,556 : 0,6 = ________

0,03713 : 0,79 = ________

0,059136 : 0,042 = ________

26 Auf alle Arten

Das Datum von heute ____________

Die Klasse 6a plant einen Tagesausflug in den Tierpark der benachbarten Stadt. Der Bus soll 350 € kosten. Für das gemeinsame Mittagessen hat der Klassenlehrer einen Gesamtpreis von 80 € in einer Jugendherberge vereinbart. Für die Fähre auf der Hinfahrt müssen 12,50 € bezahlt werden. Der Eintritt kostet pro Person 1,50 €.
In der Klasse 6a sind 28 Schüler. Neben dem Klassenlehrer fährt auch noch die Englischlehrerin mit.

Wie viel € muss jede Teilnehmerin, jeder Teilnehmer bezahlen?

Jeder zahlt ____________ €.

Rechne im Kopf!

0,4 · (0,07 + 0,1) = ________

1,2 · 0,3 : 0,9 = ________

(1,8 – 0,6) : 0,03 = ________

(0,04 + 0,21) : 5 = ________

0,06 · 30 + 2,15 = ________

3,7 – (1,06 + 0,34) = ________

34,712 + 0,867 – 9,085 = ____________

17,004 – 3,556 + 2,0843 = ____________

(0,4506 + 0,84) · 0,0167 = ____________

(2,2465 – 0,6673) : 0,028 = ____________

Setze für die Buchstaben die entsprechenden Zahlen ein.
Rechne dann in deinem Heft.

$(a + b) \cdot c$ = ____________

$(a - b) \cdot c$ = ____________

$a \cdot (b + c)$ = ____________

$a \cdot (b - c)$ = ____________

$a + b - c$ = ____________

$a - b + c$ = ____________

Herr Fahrmann liefert mit seinem LKW Maschinenteile aus. Sein Transporter ist für 7,5 t Gesamtgewicht zugelassen. Er wiegt leer 2,375 t. Für die heutige Fahrt ist vorgesehen:

Wie viel t können noch zugeladen werden?

Gesamtgewicht: ____________ mögliche Zuladung: ____________

27 Formen

Das Datum von heute ______________

Welche Form haben diese Körper?

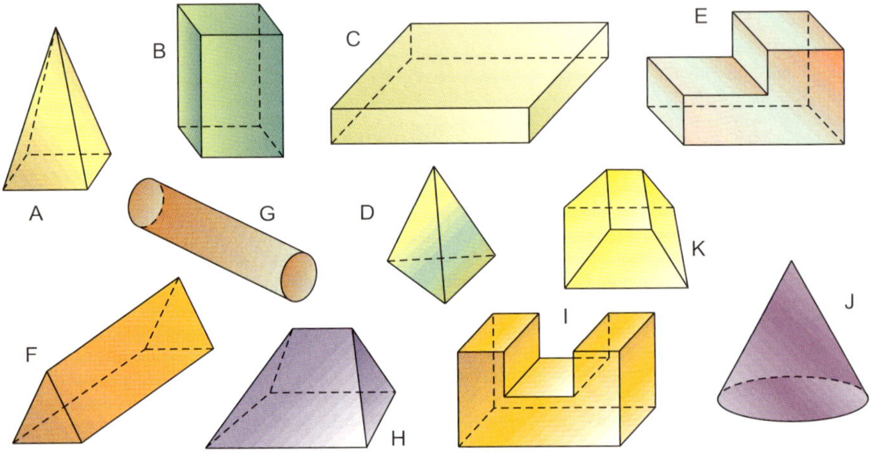

Form eines Prismas : ______________

Form eines Quaders : ______________

Form einer Pyramide : ______________

Andere Formen : ______________

Wie viele Ecken, Kanten und Seiten hat jeder der abgebildeten Körper?

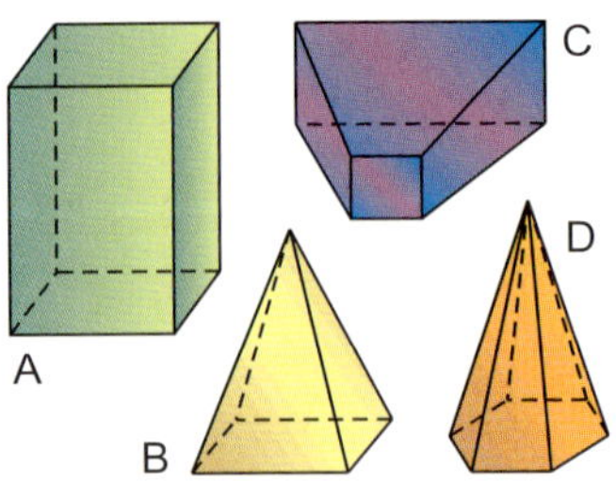

Anzahl der	A	B	C	D
Seiten				
Kanten				
Ecken				

Ein Schrägbild und ein Netz gehören immer zusammen. Schreibe sie auf. Färbe die gekennzeichneten Flächen im Netz ein.

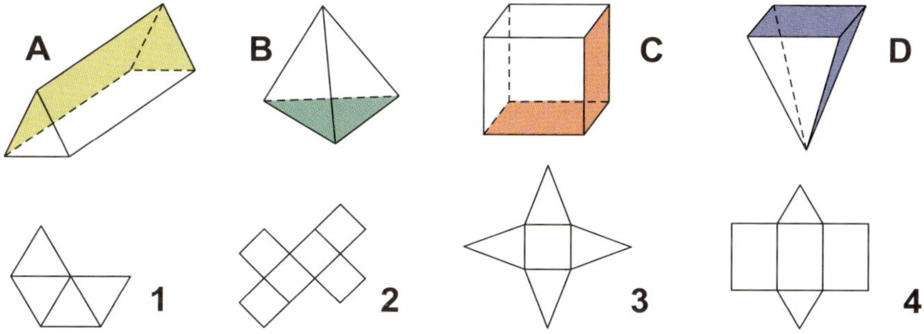

Es gehören zusammen: A und ______, ______, ______, ______

Zeichne das Schrägbild des angegebenen Körpers. Die vorgezeichneten Linien sollen dir helfen. Färbe anschließend jeweils die beiden Grundflächen ein.

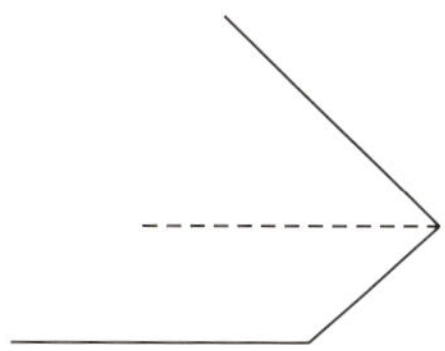

quadratische Pyramide

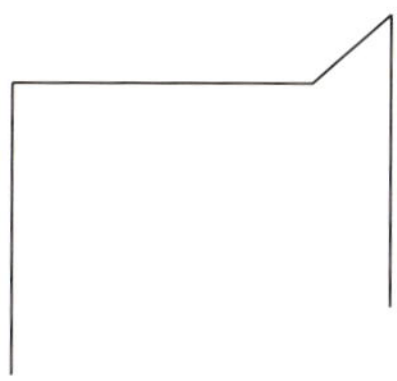

Quader

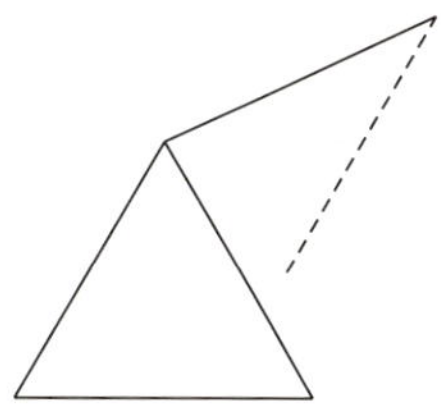

dreiseitiges Prisma

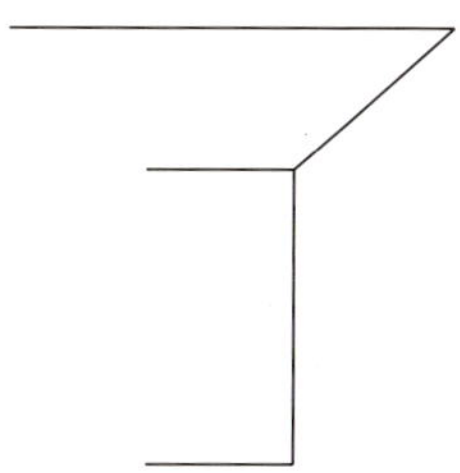

vierseitiges Prisma

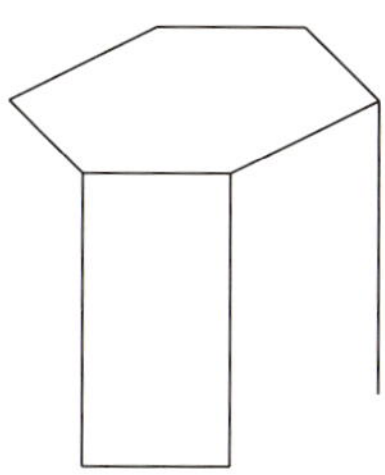

sechsseitiges Prisma

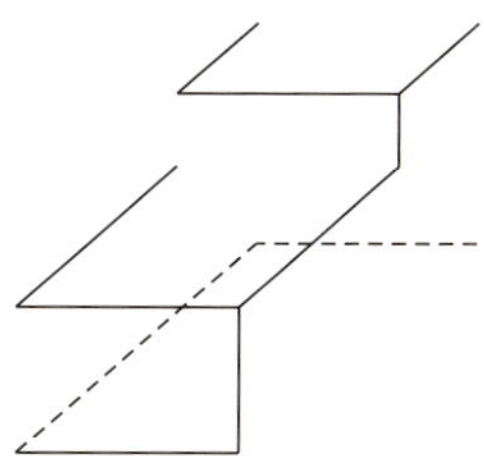

sechsseitiges Prisma

28 Alles in Form

Das Datum von heute ____________

Hier sind verschiedene Prismen abgebildet. Zu welchem Grundriss gehören die Prismen? Schreibe die passenden Buchstaben an den jeweiligen Grundriss.

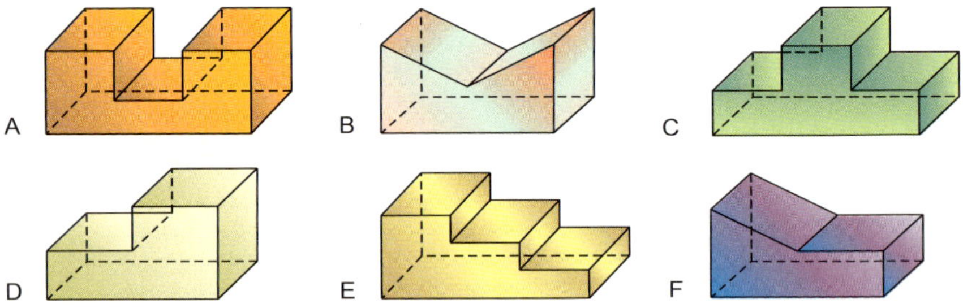

Zu Grundriss 1 gehören: __________.   Zu Grundriss 2 gehören: __________.

Pyramiden und ihre Netze. Ordne richtig zu.

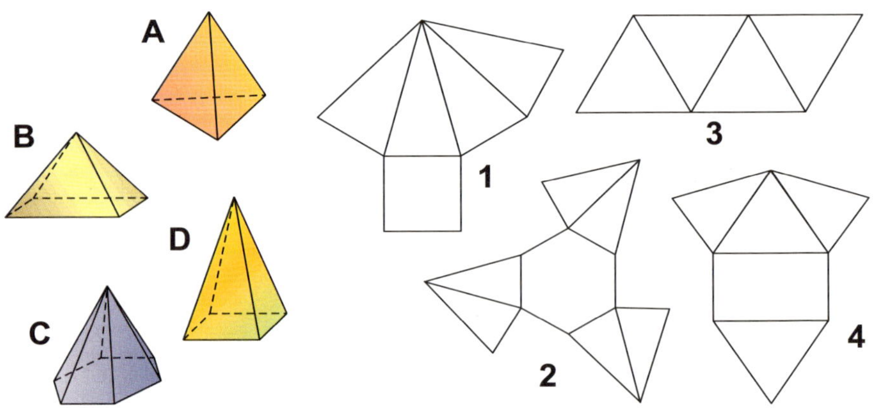

Lisas Vater will im Garten eine kleine Blumenmauer bauen. Sie soll 5,60 m lang, 0,75 m breit und 0,23 m hoch werden. „Wie viele Ziegelsteine brauchen wir?“, fragt Lisa.
„Das kannst du leicht selbst ausrechnen“, sagt der Vater. „Ein Ziegelstein hat diese Maße: Länge 23,0 cm, Breite: 11,0 cm, Höhe: 7,0 cm.“ Lisa setzt sich hin und rechnet. Vielleicht kannst du ihr helfen. Achte auf die Maße.

Volumen der Blumenmauer: ________________

Volumen eines Ziegelsteins: ________________

Ungefähre Zahl der benötigten Ziegelsteine: ________________

Berechne für jeden dargestellten Körper das Volumen und den Oberflächeninhalt.

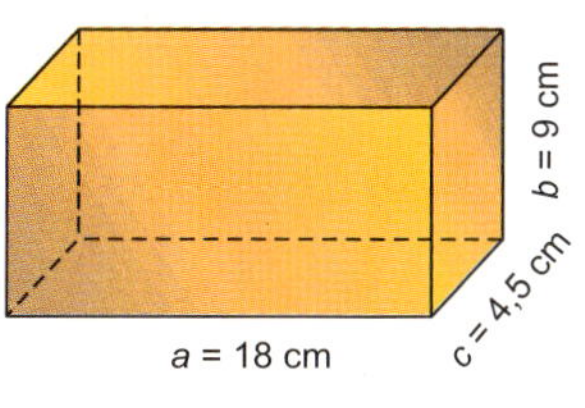

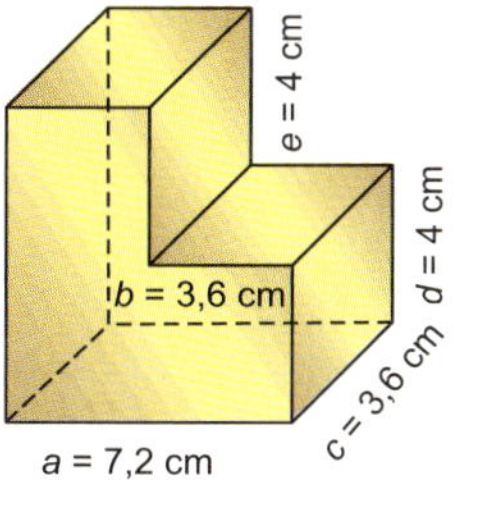

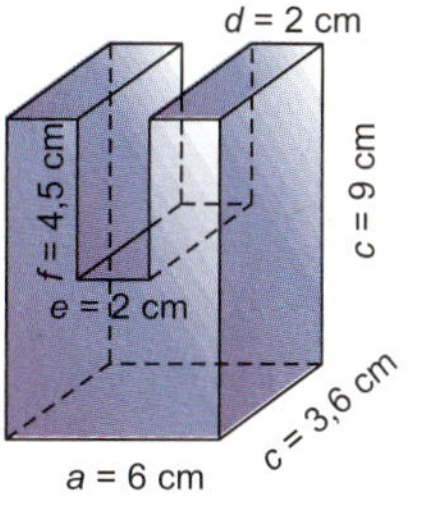

$V =$ ____________ $V =$ ____________ $V =$ ____________

$O =$ ____________ $O =$ ____________ $O =$ ____________

29 je – desto

Das Datum von heute ____________

a) Für ihren Urlaub an der Ostsee will Familie Wegner eine Ferienwohnung für 4 Personen mieten. Die Ferienwohnung soll für 14 Tage mit allen Nebenkosten 620 € kosten. Weil das Wetter schön zu werden verspricht, wollen Wegners 18 Tage an der Ostsee bleiben.
Wie viel ist für die Ferienwohnung zu zahlen?

Die Ferienwohnung kostet für 18 Tage ____________ €.

b) Herr Fassmann arbeitet in der Woche 38 Stunden. Sein Wochenlohn beträgt ohne Abzüge 425,60 €. Berechne seinen Stundenlohn.

Herr Fassmann erhält pro Stunde ____________ €.

c) Frau Vollmer tankt 35 l Benzin und muss dafür 35,80 € zahlen. Ein Kunde an der Tanksäule daneben tankt 46 l.

46 l Benzin kosten ____________ €.

Die Freilichtbühne in Lilienheim nimmt einen Einheitspreis von 3,50 € pro Person. Fülle die Tabelle aus.

Personenzahl	1	4	12	32	104
Einheitspreis	3,50				

Das neue Schwimmbecken in der Schule kann durch drei gleich große Rohre in 28 Minuten gefüllt werden. Bei der Reinigung nach den Sommerferien fallen zwei Zuleitungen aus, weil sie repariert werden müssen. Wie viel Minuten dauert die Füllung des Schwimmbeckens mit einem Rohr?

____

Wenn Freunde sich einen Gewinn teilen! Fülle aus.

Anzahl der Gewinner	1	3	16	24
Gewinn pro Person	4 800 €			

a) Julia hilft auf dem Pferdehof. Dort werden 8 Pferde betreut. Der Vorrat an Hafer reicht für diese Pferde noch 21 Tage. Am ersten Tag kommen von einem Nachbarhof noch 6 Pferde dazu.

Nun reicht der Hafervorrat für

__________ Tage.

b) Der Stadtbus befördert 24 Personen in 30 Minuten zur Stadtmitte. Bei der nächsten Fahrt sitzen 32 Personen im Bus.

Nun braucht er __________

Minuten für die Fahrt.

Jeden Tag ein bisschen besser

Damit klappt das Lernen spielend! Jedes Heft bietet zu wichtigen schulischen Themen kurze Trainingseinheiten für 15–30 Minuten täglich. So werden die „Denkmuskeln" fit gehalten und das Wissen vertieft. Jedes Heft ist vierfarbig und enthält einen heraustrennbaren Lösungsteil.

Darum ab sofort: **Jeden Tag ein bisschen besser ...**

... im Fach	in Klasse	ISBN 3-589-
Deutsch	4	21190-3
	5	21191-1
	6	21193-8
	7	21194-6
	8	21195-4
Übungsdiktate	5	21243-8
	6	21244-6
Mathematik	4	21202-0
	5	21203-9
	6	21204-7
	7	21205-5
	8	21206-3
Testaufgaben	5	21355-8
Testaufgaben	6	21356-6
Englisch	5	21196-2
	6	21197-0
	7	21198-9
	8	21199-7
Französisch	7	21168-7
	8	21169-5

Cornelsen SCRIPTOR

Fragen Sie bitte in Ihrer Buchhandlung!